逝 去 的 光 影

地 史 时 期 植 物 景 观 油 画 系 列

Elapsed Light and Shadow

An Oil Painting Series of the Plant Landscapes in Geological History

逝去的光影

地史时期植物景观油画系列

Elapsed Light and Shadow

An Oil Painting Series of the Plant Landscapes in Geological History

郝 守 刚
Hao Shougang

科学出版社
北京

内 容 简 介

本书是以油画的艺术形式展示自46亿年前地球诞生的太古宙开始直至全新世各地史时期陆地植物景观的画册。作为古植物学研究者的画作者，希望能将科学和艺术结合，去展现那遥远、宁静、深邃的史前植物世界的斑斓景色。画作主要依据我国各个地史时期丰富的化石资料，综合古生物学家的重要典型研究成果，以油画的形式复原了各地史时期陆地植物景观36幅，并附有通俗易懂的文字说明，展示了漫长的前显生宙藻菌发展时代，以及显生宙以来的地衣苔藓、蕨类植物、裸子植物及被子植物发展时代景观的演替，直至人类栽培作物景观的出现。

本书适合古生物学和地学工作者、博物馆工作者、中学和大专院校师生以及广大化石爱好者阅读。

图书在版编目（CIP）数据

逝去的光影：地史时期植物景观油画系列 / 郝守刚著 . — 北京：科学出版社，2023.6

ISBN 978-7-03-075914-6

Ⅰ . ①逝… Ⅱ . ①郝… Ⅲ . ①古植物学 – 研究②油画 – 作品集 – 中国 – 现代 Ⅳ . ① Q914 ② J223.8

中国国家版本馆 CIP 数据核字（2023）第 110456 号

责任编辑：孟美岑 / 责任校对：何艳萍
责任印制：肖　兴 / 书籍设计：北京美光设计制版有限公司

科学出版社 出版
北京东黄城根北街16号
邮政编码：100717
http://www.sciencep.com

北京华联印刷有限公司 印刷
科学出版社发行　各地新华书店经销

*

2023年6月第 一 版　开本：889×1194　1/12
2024年11月第二次印刷　印张：14
字数：350 000

定价：288.00元
（如有印装质量问题，我社负责调换）

前言 Preface

地球上生命的历史几乎和地质历史一样漫长。地球上的生物进化和地球的大气圈、岩石圈及水圈的演化是相互关联、相互作用、相互制约的，并随时间共同进化发展。因此，陆地的景观随时都在变化着。

"逝去的光影"油画系列，绘制了从地球诞生到随后各地史时期的自然景观，以及不同生命形式所演绎的演化历程。

油画可以追求真实，高水平的油画作品可和高像素的摄影作品相媲美。然而，相机拍不到人类出现之前那已逝去的景象。因此，当用油画的艺术形式去追寻那已经逝去的生命，以及地史时期色彩斑斓的光影时，或许会给人们带来不一样的视觉感受。

人有两大心智能力，一个是理性，另一个是感性。科学代表理性，而艺术代表感性。科学认识了世界，而艺术美化了世界。作为一名古生物学者，当拿起油画笔的那一刻，如何将自己的研究和认识，尽可能科学地利用色彩和光影铺就在这眼前的画布上？如何展现那遥远、静谧，乃至空灵的远古世界？这确实是一项挑战，也是学习的过程。欣赏并敬畏那些逝去的生命，喜爱并享受创作的过程，使我有可能去面对这一切。我喜欢这样的话："艺术就是情感的呼唤。"

画册通过直观的画面依次展示不同地史时期的自然景观，是一部介绍植物从低等到高等的演化过程的科学普及读物。第一章带领读者了解地质时代、生命及植物发展史。画册的主体是 36 幅油画作品，在两个不同的层次上展开：一方面，每幅画作各有自己的题目及简短的中英文说明，介绍画作所展现的地质时代、气候环境特征及典型的植物景观面貌（第二章）；另一方面，为了满足有兴趣的读者（或专业人士）对画作背景及相关内容进行深入了解的需求，设置了"进一步阅读"的章节（第三章）。第三章介绍画作中植物化石群产出的地层组段、构造地质背景、代表植物的主要鉴定特征、绘画所依据的个体复原（所选择的是古生代及中生代部分化石植物的个体复原）及相关的讨论。第四章介绍画作创作过程中的心得和体会、难点和不足。希望读者能把每幅画作看成是已"逝去的"，亿万年前的景色，而不完全是某个地质时代的景观复原。因为画作里有作者的许多想法和感受，它们不是严格意义上的复原。由于本人学识有限，错误和不足之处难免，敬请读者批评指正。

感谢古植物学界的学者，是他们持之以恒的不懈努力，使我们对地史时期植物界的认识得以不断提升，他们的许多工作在这里被引用。我也要感谢国内古生物学界的老师和同行们提供资料，并不吝赐教。他们是：吴新智、张弥曼、周志炎、杨关秀、崔海亭、李锦玲、刘武、孙革、郑少林、舒德干、季强、高星、邓涛、汪筱林、王元青、周忠和、朱敏、肖书海、袁训来、王军、王怿、邓圣徽、王鑫、王永栋、徐星、王原、徐洪河及沈冰等。还要感谢北京大学古植物课题组及朋友们——王德明、薛进庄、潘晨、黄海煜、刘乐、黄璞等所提供的支持与帮助。

画作得到国家自然科学基金（8200906332）的支持。

郝守刚

2023 年 4 月

目录 Contents

Chapter 1

Geological age, life history, and plant developing history

第一章

地质时代、生命史及植物发展史

　　达尔文的不朽功绩在于他证明了生命是有历史的，而且是从简单到复杂、从低等到高等的进化历史。这正像一棵长有很多枝丫的参天大树，大树顶部的绿色枝丫代表着现有的生物种类，之下掩盖着无数枯萎的枝条，代表着过去曾经生存过的种类。生命之树在时间尺度上的分支顺序是由不同进化事件构成的，连续的叉点代表了一次次进化事件，构成了生命演化的内容，是生命进化的脚步。同时，每个叉点都代表了不同于以往的组织机构或器官的进化革新，没有这些革新，生命之树就不可能枝繁叶茂，地球上也不会有今天这样五彩缤纷的复杂生命（张昀，1998）。

　　当我们说到生物和植物演化时，就需要对植物界的概念做些说明。对植物界概念的理解是与时俱进的，20世纪50～60年代，人们通常将植物界划分为高等植物和低等植物。高等植物包括种子植物（裸子植物和被子植物）、蕨类植物和苔藓植物，而低等植物则是各种藻类、菌类和地衣的总称。高等植物中蕨类植物和种子植物体内有输导功能的维管组织，也被称为维管植物。苔藓、蕨类和种子植物受精卵发育成胚，再长成植物体，故也被称为有胚植物。有胚植物和绿藻含有相同的叶绿体，表明了它们的谱系关系（见后述），所以它们也被称为绿色植物。后来，学者们提出了"泛植物"（Archaeplastida）的概念，这是一种根据种系发生学做出的分类单位，包括绿色植物和红藻、灰藻（Katz and Grant，2015）。当我们探讨陆生植物的起源时，通常是在追索绿色植物的谱系演化关系和对陆生环境的适应。

　　菌藻、植物和动物关系密切，菌藻和植物通常作为氧气的制造者和碳水化合物、初级食物链的供应者，为动物界的演化发展铺路。在地球46亿年的历史中，最早的生命痕迹可以追溯到太古宙（38亿年前），光合自养生物的地质记录可以追溯到35亿年前。元古宙的大规模叠层石碳酸盐沉积主要是由原核单细胞蓝细菌群落和微生物藻席所构成的。原核生物，即只有细胞膜和原生质，而没有细胞核的生物。蓝细菌不同于其他细菌在于可以吸收太阳光和二氧化碳，并经光合作用进行新陈代谢。随后，到了元古宙的大约15亿年前，具有细胞核、细胞质的真核单细胞的浮游藻类出现在海水表层，形成了新的生态系统。它们更促进了自由氧的积累，大气圈的氧分压达到现代分压的1%。原核生物到真核生物的演化是生命史上的一次飞跃，这段历史是漫长的，经历了 20 多亿年。在元古宙晚期雪球事件之后，距今 6 亿年前后出现了多细胞、有组织分化的叶状体生物，主要是绿藻、褐藻和红藻类，这成就了多细胞植物的第一次适应辐射（袁训来等，2002）。在后生植物出现或之后不久，埃迪卡拉后生动物群（约 5.6 亿年前）展现了最古老的水母类、可能的腔肠动物海鳃类，以及分类位置尚不明确的海洋动物类群。到了显生宙开始的寒武纪，出现了被称为"寒武纪大爆发"的海洋动物门类辐射的重大演化事件。在这时（约 5.3 亿年前），所有的现生动物门类的结构蓝图均已出现。

生命出现在陆地气生状态最早的时间，人们仍在努力追溯。现在一般认为前寒武纪陆地表面已经有蓝细菌生存，是从潮间带的群落移居而来。真菌和绿藻也有可能是最早的陆地开拓者。真菌是较原始的真核生物，没有叶绿素，不能进行光合作用，大多以孢子繁殖。在生命世界中，真菌曾自成一界，是与动物、植物并列的一个真核生物类群，现在它被归入"后鞭毛生物"，是与动物亲缘关系最近的类群（Katz and Grant, 2015）。系统学的研究表明，陆生有胚植物（苔藓植物和维管植物）与绿藻类（包括轮藻、鞘毛藻及双星藻类）关系密切，后者是陆生有胚植物的姐妹群。当藻类和真菌类移居到陆地的气生环境时，会很自然地结合形成地衣，在荒芜的地表形成披壳。

进入显生宙，生物圈经历了多次适应辐射，也经历了大规模物种绝灭和不同范围、不同程度的生态系统解体和重建。显生宙包括古生代（早、晚古生代）、中生代和新生代。

早古生代（包括寒武纪、奥陶纪和志留纪）是地衣及苔藓植物（有胚植物，配子体世代在生活史中占优势）时代。最早的可疑的藓类植物化石发现自约 5.2 亿年前的寒武纪地层中。从中奥陶世经志留纪至早泥盆世，是陆生有胚植物（苔藓植物及维管植物）起源与演化分异的重要时段。在这个时段内，植物从简单的叶状体演化成具有不等世代交替生活史以及一系列组织系统和各种器官的复杂植物体。在这个时段的地层中曾发现微体化石，包括一些隐孢四分体和二分体。它们是具有分化明显的接触区，但不具射线特征的无缝孢子（孢子是脱离亲本后能直接发育成新个体的生殖细胞，是减数分裂的产物）。人们推测它们是由像苔类这样的植物所产生的，可能代表了一类已经绝灭的有胚植物的过渡类型。早古生代晚期，原蕨植物（propteridophytes）（原始维管植物、早期维管植物）出现在陆地上。为了适应陆地生存环境，植物的内部结构和器官产生了一系列演化革新，这里指的是角质膜、气孔器、多细胞的生殖器官孢子囊及减数分裂产生的具射线的四分孢子。原蕨植物以工蕨和裸蕨为代表。它们是低矮的草本植物，具有匍匐茎和二分叉的孢子体，没有真正的根和叶。尽管谱系明显不同，但都具有独立生活的、轴生的、组织结构复杂的配子体。这些植物支持等型世代交替的理论（孢子体和配子体同等发育）。它们的孢子体都具有可能的原始管胞所组成的输导组织。维管植物的出现和随后的发展对整个陆生生命的演化，陆生生态系统的建立及全球环境的改变产生了极其深远的影响。在早古生代，初始的陆生生态系统开始建立。此时陆地的表面大多还是荒芜的，只在海边或河湖岸边的近岸的湿地上有少许的着色。陆生的地衣、藻席、苔藓和原蕨植物可以支撑一个微小的由节肢动物、蠕虫和其他早期栖居者所组成的无脊椎动物群落。这是一个低营养和低氧的生态系统，却是宏大、多样化的陆地生态系统的开端（郝守刚等，2000）。

　　晚古生代（包括泥盆纪、石炭纪和二叠纪）的早-中泥盆世是原蕨植物辐射演化的时代。随着研究的深入，更多的原蕨植物的孢子体被发现。但是涉及它们的世代交替、营养和生殖结构等诸多方面仍需进一步工作。研究表明，在早泥盆世布拉格期（距今约4.11亿年）就出现了原蕨植物谱系爆发式的辐射演化，植物组织结构和营养、生殖器官强烈分异，不同类型的叶子（小型叶、大型叶及孢子叶）、多样化的孢子体生殖器官、不同形态结构的孢子囊及孢子叶球均已出现，在原蕨植物的谱系分析中，人们识别出了石松、节蕨、真蕨及种子蕨的祖先类群（Hao and Xue，2013）。"小型叶"和"大型叶"的概念不是指叶子大小，而是指叶子结构、发生乃至谱系关系的差别。小型叶的叶型简单，通常为线形，只有单一的不分叉的叶脉，从茎干发生时不形成叶隙，代表类群是石松植物。小型叶被认为是"延伸起源"叶，在其祖先原蕨植物中，茎轴上的刺状突起是小型叶起源的起点。大型叶片化，具多分叉的叶脉，有叶隙，通常被认为是除石松植物之外的所有其他维管植物类群的叶子特征，如真蕨类、节蕨类及种子植物，它们也被称为"真叶植物"。大型叶通常被认为是"顶枝起源"叶，在其祖先原蕨植物中，三维的"枝叶复合体"是大型叶演化的起点（例如在裸蕨 *Psilophyton* 中见到的），有的"枝叶复合体"也缩合和局部片化（例如在始叶蕨 *Eophyllophyton* 中见到的）。"小型叶""大型叶"，以及真叶植物的概念多在早期维管植物的谱系研究中使用。

晚泥盆世至石炭纪和二叠纪，是维管植物中蕨类植物发展繁荣的时代。早期的植物学者将维管植物中以孢子繁殖的植物称为蕨类植物（pteridophytes），以种子繁殖的类群称为种子植物（spermatophytes）。蕨类植物又分出石松（lycophytes）、节蕨（arthrophytes）和真蕨（ferns）等次一级分类单元。种子植物分为裸子植物和被子植物。它们最重要的识别特征是在营养和生殖结构方面。石松植物具小型叶，孢子囊着生在叶的近轴面上使之成为孢子叶，可聚集成孢子叶球。节蕨植物茎轴具节和节间，小枝和叶轮生，孢子囊着生在特征性的囊梗上。真蕨植物的特征是生殖叶上长有孢子囊或复杂的聚合囊或囊群，有的类型具异孢性状（产生大小不同的孢子）。典型的真蕨还长有优美的"羽状复叶"，即小羽片呈羽状排列在羽轴的两侧形成羽片，后者可重复再次羽状排列。我们通常所说的"树蕨"，就是指树型的真蕨植物。真蕨植物的进一步分类更为复杂，下分枝蕨纲、莲座蕨目、薄囊真蕨类（leptosporangiate ferns）等（Taylor et al., 2009），其中最古老的类群——枝蕨纲出现于中泥盆世。

晚泥盆世（距今约3.83亿年）时，森林已出现在我们的地球上。晚泥盆世的湿地森林已相当繁荣，由前裸子植物[①]古羊齿、石松植物鳞木类、小乔木的枝蕨纲以及草本真蕨植物组成。在湿热的气候条件下，湿地的植物枯枝落叶影响了水中的含氧量，导致池塘干涸。某些总鳍鱼类或肺鱼类进化成两栖类，能用肺呼吸，具有四足的鱼石螈开始了向陆地进军的征程，它们也就成了四足动物的祖先。

石炭 - 二叠纪，热带、亚热带沼泽丛林里高大乔木状的石松、芦木、树型的莲座蕨目（以辉木为代表），以及林下郁郁葱葱的草本真蕨类都是蕨类植物发展繁荣的标

---

① 前裸子植物指具有裸子植物的木材解剖，却像蕨类一样以孢子繁殖的植物类群，被认为是裸子植物的祖先。

志（李星学，1995）。在这个时代能够见到除了被子植物以外的所有现生植物的谱
系类型。确切的种子出现在晚泥盆世，早期的裸子植物以种子繁殖，却具有与真蕨植
物一样的羽状复叶，被称为"种子蕨"。石炭 - 二叠纪繁盛的种子蕨有树型的（主要
是髓木目），也有藤本的（以大羽羊齿目为代表）。在石炭 - 二叠纪的热带森林中，
松柏类的科达也是主要的组成分子，通常占据沼泽森林的周边。早期的松柏类，例如
伏脂杉，具有挺直的枝条和鳞片状的叶子，它们是现代松柏类的祖先类群。广袤的植
物生长在地形平坦且辽阔的滨海平原环境中。这里有宽广无垠的低地和泥炭沼泽，丛
林密布。在丛林的空旷地域不时可以见到巨型的像千足虫的节肢动物——节肋虫蜿蜒
爬行。这个时代是富氧（大气氧含量高达 35%）的时代，这是昆虫体型巨大的原因。
在晚石炭世（距今 3.15 亿年）繁茂的丛林庇护下，最早的爬行动物——双孔亚纲的
林蜥出现了。在我国北方晚二叠世的地层中也曾发现古老的杯龙类——石千峰龙。这
些都是在为中生代恐龙时代的到来做铺垫。二叠纪末的绝灭事件（距今 2.51 亿年）
直接影响了地球的生境。

　　中生代（包括三叠纪、侏罗纪和白垩纪）是种子植物的裸子植物发展繁荣的时代。
蕨类植物中高大乔木状的石松和芦木退出了历史舞台，代之以裸子植物的松柏类、银
杏类、苏铁类及新兴的真蕨类。裸子植物的雌雄配子体都寄生在孢子体上，形成裸露
的种子，发育有花粉管，可将精子直接输送到卵旁，就不再受水的限制。这为裸子植
物向干旱和山地进军创造了条件，也就出现了高大挺拔的松柏类植物展现在山壑间的
景观。这些裸子植物和一些新兴的薄囊蕨类，如马通蕨、双扇蕨、桫椤科及蚌壳蕨科
的植物共同组成了中生代森林景观。它们为恐龙（蜥臀目及鸟臀目），以及恐龙的后
裔鸟类的出现和繁荣提供了良好的庇护所及丰饶的食物。中生代的中后期，植物界又
一重大演化事件发生了，有花植物即被子植物出现在地球上。被子植物最重要的革新
在于，胚珠为心皮所包被，种子为果皮所包被。早白垩世的"热河生物群"（距今 1.25
亿年）中门类众多的古生物类群的发现和研究，为认识这一时期的生命演化史和生态
环境提供了无与伦比的翔实的信息（张弥曼，2001）。中生代伴随着另一次绝灭事
件——晚白垩世（距今 6600 万年）小行星撞击事件而结束。

　　新生代（包括古近纪、新近纪和第四纪）则是被子植物高度发展繁荣的时代。被子植物组织分化细致，生理功能高效率，是现代最繁盛的类群，有 20 多万种，占植物界的一半以上。被子植物具有明显的多样性，有乔木、灌木和藤本，也有常绿的、落叶的，可以生活在各种不同的环境中。还有许多被子植物是草本的，特别是新近纪后，由于全球气温下降，加速了草本被子植物的发展和辐射。它们的适应性强，生活周期短，草原的出现也是被子植物演化史上的一次飞跃。总结起来，正是由于被子植物的出现，大地才变得更加绚丽多彩，生机盎然。现代动物界中繁盛的昆虫纲、哺乳纲、鸟纲都是随着被子植物的出现才在陆地上繁荣起来的。

　　在第四纪的更新世，人类出现了。人类具有能思考的大脑和能制造工具的双手，再加上能传递储存信息的社会组织，深刻地影响和改变了这个世界。全新世早期（距今 1 万年），栽培作物的出现改变了地球上植被的景观，也意味着农业文明的开端。

微体原核生物占优势时期
（生命史的 4/5 时间）

46 40 38 35 30 25 20

1   2

① ② ③ ④ ⑤ ⑥ ⑦

⑧ ⑨ ⑩ ⑪ ⑫ ⑬ ⑭

⑮ ⑯

可疑的藓类

隐孢四分体

四分孢子

维管植物

蕨类植物辐射

异孢，森林

种子

裸子植物辐射

宙																			显　　生　　宙
代	古生代　PALEOZOIC																		晚古生代　LATE PA
	早古生代　EARLY PALEOZOIC																		
纪	寒武纪 Cambrian				奥陶纪 Ordovician			志留纪 Silurian				泥盆纪 Devonian			石炭纪 Carboniferous		
世	纽芬兰世 Terreneuvian	第二世 Epoch 2	苗岭世 Miaolingian	芙蓉世 Furongian	早奥陶世 Early	中奥陶世 Middle	晚奥陶世 Late	兰多维列世 Llandovery	温洛克世 Wenlock	罗德洛世 Ludlow	普里道利世 Pridoli	早泥盆世 Early	中泥盆世 Middle	晚泥盆世 Late	早石炭世 Early	晚石炭世 Late
同位素定年 ／百万年	538.8				485.4			443.8				419.2			358.9	
	地衣及藻菌				苔藓植物发展			原蕨植物发展				蕨类植物繁荣				

4

5 6 7,8,9 10 11,12 13 14

㉑ ㉒ ㉓ ㉔ ㉕ ㉖ ㉗ ㉘

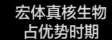

宏体真核生物
占优势时期

10   7   5   0

3   4—36

图1-1 地质时代、生命史和植物发展史，
以及 36 幅画作所处的地质时代
本书所涉及的年代地层名称、绝对年龄值
主要参考国际年代地层表 2022 年中、英文版
（https://stratigraphy.org/）

前 寒 武 纪 PRECAMBRIAN				显 生 宙 PHANEROZOIC
456.7 冥古宙 HADEAN	400.0 太古宙 ARCHEAN	250.0 元古宙 PROTEROZOIC		538.8

地球形成
地核与地幔分异

最早的沉积记录
化学进化
生命起源

光合作用起源
最早的叠层石和微生物化石记录

真核细胞起源
大气圈自由氧开始积累

多细胞叶状体植物适应辐射性分化，地衣化石记录

• 无脊椎动物、有胚、苔藓植物发展
• 脊椎动物、维管植物起源
• 爬行动物、裸子植物发展
• 哺乳动物、被子植物发展
• 人类起源、文化系统建立

有花植物

被子植物辐射

驯化栽培植物

PHANEROZOIC																
...OIC			中生代 MESOZOIC								新生代 CENOZOIC					
二叠纪 Permian			三叠纪 Triassic			侏罗纪 Jurassic			白垩纪 Cretaceous		古近纪 Paleogene			新近纪 Neogene		第四纪 Quaternary	
乌拉尔世 Cisuralian	瓜德鲁普世 Guadalupian	乐平世 Lopingian	早三叠世 Early	中三叠世 Middle	晚三叠世 Late	早侏罗世 Early	中侏罗世 Middle	晚侏罗世 Late	早白垩世 Early	晚白垩世 Late	古新世 Paleocene	始新世 Eocene	渐新世 Oligocene	中新世 Miocene	上新世 Pliocene	更新世 Pleistocene / 全新世 Holocene

251.9   201.4   145.0   66.0   23.0   2.58   0.01

裸子植物繁荣   被子植物繁荣

16   17   18   19   20,21   22,23,24   25,26,27   28   29   30   31   32   33,34   35,36

The oil painting series of the plant landscapes in geological history

第二章

地史时期
植物景观油画系列

画册以 36 幅画作，绘制记录了自地球诞生（约 46 亿年前）起，经历了漫长的前显生宙（Pre-phanerozoic）及显生宙（Phanerozoic）至今陆地植物景观的演化。按地质时代由老至新排序，每幅画作相应的地质时代也有所标注。在每幅画作的题目之下，都附有简短的说明。有兴趣的读者，可以去第三章"进一步阅读"中浏览更多相关的内容。

The album consists of 36 paintings, depicting the evolution of terrestrial plant landscapes from the birth of Earth (approximately 4.6 billion years ago) through the long period of Pre-phanerozoic and Phanerozoic, to present. The ranking is based on the geological age from old to new, and each painting is also marked with the corresponding geological age. Under the title of each painting, a brief explanation is attached. The readers interested can read the relevant content in Chapter 3 "Further reading".

第四纪

新生代 新近纪

古近纪

白垩纪

中生代 侏罗纪

三叠纪

二叠纪

石炭纪

晚古生代

泥盆纪

志留纪

早古生代 奥陶纪

寒武纪

元古宙

太古宙

冥古宙

显生宙

我们生活的地球
The Earth we live on

画作 1　Painting 1

地球，诞生在约 46 亿年前的云骸之中
The Earth was born in the cloud skeleton about 4.6 billion years ago

　　大约在 46 亿年前，原始太阳星云在重力的作用下，物质凝结。强大的压力让核聚变发生，早期的太阳就此出现。地球和其他行星经历了吸积、碰撞这样一些共同的物理演化过程后，也就此形成。在太阳系形成早期，一颗火星般大小的"小行星"和地球碰撞导致溅射到空间的碎片散布在绕地轨道上，聚集形成了月球。

　　About 4.6 billion years ago, under the influence of gravity, the primitive solar nebula condensed matter. The strong pressure caused nuclear fusion to commence, and an early sun appeared. The Earth and other planets also formed after experiencing common creation processes, such as accumulation and collision. In the early stages of the formation of the solar system, a Mars-sized asteroid collided with the Earth, resulting in the scattering of debris, which splashed into space and into orbit of the Earth, thus forming the moon.

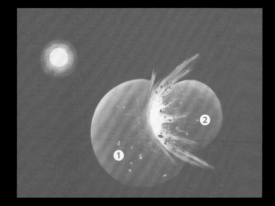

❶ 初始的地球 The initial Earth
❷ 小行星 Asteroid

40cm × 50cm 2022 布面油画 Oil on canvas

太古宙
Archean

画作 2　Painting 2

太古宙的景象
Archean scene

大约 38 亿年前，稳定地块开始形成。太古宙原始的陆地面积很小，厚度也小，且不均匀稳定，火山喷发，岩浆沸腾，电离风暴肆虐。大约在 35 亿年前，即使是在如此恶劣的环境中，在古海洋的边缘，仍出现了由大量蓝细菌堆积构建的层状沉积结构——叠层石。它们通常分布在温暖的浅海地带。从此地球上开始了恢弘的生命演化的历程。（画作参考了穆迪等，2016，太古宙插图）

About 3.8 billion years ago in Archaean, when the stable land mass began to form the primitive land area that was small, uneven and unstable. Volcanic eruptions, magma boiling, and ionizing storms were raging. About 3.5 billion years ago, even in such a harsh environment, the layered sedimentary structures formed by the accumulation of a large number of cyanobacteria, and stromatolites appeared at the edge of the ancient ocean. From then on, the Earth began a magnificent process of life evolution. (The painting refers to the Archean illustrations of Moody et al., 2016)

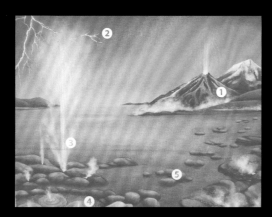

❶ 火山喷发 Volcano eruption
❷ 电离风暴 Ionization storm
❸ 间隙喷泉 Geyser
❹ 高温泥浆池 High temperature mud pool
❺ 叠层石 Stromatolites

40cm × 50cm 2022 布面油画 Oil on canvas

元古宙
Proterozoic

画作 3　Painting 3

新元古代陡山沱期华南海岸边的景象
Scenery of South China coast during the Neoproterozoic Doushantuo Period

新元古代陡山沱期（约 6.5 亿年前）华南扬子地块上，适宜温暖的浅海环境促进了生物的演化。此时浅海中的多细胞真核藻类辐射发展，包括叶状体植物绿藻、褐藻及红藻，还有疑源类。同时，它们开始了陆地化的进程，地衣化石的发现是最直接的证据。荒芜的地表染上了颜色，形成了披壳。（发现的叶状体植物只有毫米或厘米级别，图中的复原放大了比例。）

In the Neoproterozoic Doushantuo Period (about 650 million years ago), the suitable warm shallow sea environment promoted the biological evolution on the Yangtze Block in South China. At the time there was a radiation development of multicellular eukaryotic algae in the shallow sea, which included chlorophytes, phaeophyceans, rhodophytes, and acritarchs. They are thalloid plants. At the same time, thallogens have begun a landing process, and the discovery of lichen fossils is the most direct evidence marching to land. The barren ground was stained with color and formed a mantle. (The thallophytes found are only a few millimeters or centimeters in stature, and the restorations in the picture magnifying diameters.)

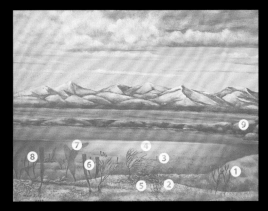

❶ 直立崆岭藻 *Konglingiphyton erecta*
❷ 线状陡山沱藻 *Doushantuophyton lineare*
❸ 原叶藻 *Thallophyca ramosa*
❹ 中华拟浒苔 *Enteromorphites siniansis*
❺ 丝体管球藻 *Glomulus filamentum*
❻ 带状棒形藻 *Baculiphyca taeniata*
❼ 湖南革辛娜藻 *Gesinella hunanensis*
❽ 双叉庙河藻 *Miaohephyton bifurcatum*
❾ 地衣 Lichens

Hao S.G.

40cm × 50cm 2022 布面油画 Oil on canvas

早古生代
Early Paleozoic

画作 4　Painting 4

早古生代陆地景观
Early Paleozoic land landscape

　　早古生代，陆地上还没有形成典型的土壤，但浅滩水洼旁、热泉、河床周缘的裸岩上处处都有了藻类、菌类和地衣的颜色。这个时期的化石证据零星，且不完整，多是通过微体化石分析获得的。自中奥陶世至早志留世地层中，人们发现了隐孢子，据推测，其母体植物可能是类似苔类（有胚植物）的一种未知植物。早古生代的陆地上，可能生存着真菌、藻类、地衣、苔藓以及人们尚不了解的"登陆的探索者"，以及后期出现的原始维管植物。

　　In the Early Paleozoic Era, there was no typical ancient soil formed on the land, but the colors of algae, fungi and lichens were everywhere on the bare rocks beside the shallow pools, hot springs and river beds. Fossil evidence in this period was sporadic and incomplete, and mostly obtained through microfossil analyses. Cryptospores from the Middle Ordovician to the Early Silurian presume to be the unknown plants similar to liverworts (embryophyte). The land lives of the Early Paleozoic include fungi, algae, lichens, bryophytes and unknown "landing explorers", as well as the primitive vascular plants later.

❶ 可能的苔藓植物古孢体
　 Sporogonites exuberans, possible bryophytes
❷ 帕克叶状体 *Park decipiens*
❸ 地衣 Lichens
❹ 真菌 Fungi
❺ 早期陆生植物 Early land plants

40cm × 50cm　2021　布面油画　Oil on canvas

志留纪
Silurian

画作 5　Painting 5

陆地上最古老的维管植物
The oldest vascular plants on land

　　志留纪中期，临近河湖边缘的低地上，最古老的陆生维管植物库克逊蕨出现了。波托尼库克逊蕨发现于志留纪温洛克世晚期地层中。植物体纤细，通常不过几厘米高，无根、无叶，在二歧分叉茎轴的顶端着生圆形至椭圆形的孢子囊。1992 年，爱德华兹等通过揭片的方法揭示出了不完整的管胞，从而确凿无疑地证明了其维管植物的性质。

　　In middle Silurian, the oldest land vascular plant, *Cooksonia*, appeared on the shores off rivers and lakes. The plant is thin, usually only a few centimeters in stature, rootless, leafless, and has round to oval sporangia at the tops of the bifurcated axes. In 1992, Edwards et al. showed the incomplete tracheids through an uncovering method, which proved, undoubtedly, the nature of this primitive vascular plant.

❶ 波托尼库克逊蕨 *Cooksonia pertoni*
❷ 库克逊蕨未定种 *Cooksonia* sp.

Paint by G. 2014

30cm × 40cm   2014   布面油画   Oil on canvas

第四纪

新生代 新近纪

古近纪

白垩纪

中生代 侏罗纪

三叠纪

二叠纪

显生宙 石炭纪

晚古生代 泥盆纪

志留纪

早古生代 奥陶纪

寒武纪

元古宙

太古宙

冥古宙

晚古生代
Late Paleozoic

泥盆纪
Devonian

画作 6　Painting 6

变化着的地球，晚古生代开始时的海陆分布
The changing Earth, distribution of sea and land at beginning of the Late Paleozoic period

中国大陆由华北、华南和塔里木为主体的多个陆块拼合而成，在古生代，它们分散漂移在大洋中。在古地理的格局上，晚古生代华南板块紧邻冈瓦纳大陆，接近澳大利亚，位于赤道低纬度地区，是热带亚热带气候。古地理环境、构造地质发育史等因素的控制，促使滇东南维管植物爆发式辐射演化，这里成为原蕨植物（早期陆生维管植物）辐射演化的中心之一（早泥盆世古地理图依据 Boucot et al., 2009）。

Chinese Mainland is composed of several landmasses, mainly North China, South China and Tarim, and they drifted in the ancient ocean during the Paleozoic period. Based on the palaeogeographic patterns, we can infer the South China Plate in the Late Paleozoic was close to Australia of the Gondwana, located in the equatorial, lower latitudes which had a tropical to subtropical climate. Due to the control of paleogeographic environment, tectonic geological development history and other factors, an explosive radiation evolution of the vascular plants commenced in southeastern Yunnan. Thus, it has became one of the radiation centers of propteridophytes (early vascular plants) (Early Devonian paleogeographic map based on Boucot et al., 2009).

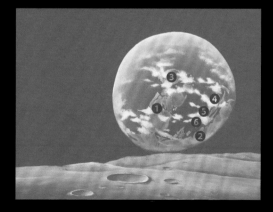

❶ 劳伦古陆 Laurentia palaeocontinent
❷ 冈瓦纳古陆 Gondwana palaeocontinent
❸ 西伯利亚地块 Siberia block
❹ 华南地块 South China block
❺ 华北地块 North China block
❻ 塔里木地块 Tarim block

40cm × 50cm   2019   布面油画   Oil on canvas

画作 7　Painting 7

早泥盆世滇东北河漫滩景观
Early Devonian floodplain landscape in northeastern Yunnan

　　早泥盆世滇东北曲靖地区气候炎热干燥。原始的蕨类植物生活在河流漫滩和岸堤上。前石松类镰蕨是最常见的植物。植物自匍匐的根茎向上生出直立的气生茎，高约 40～50 厘米，二叉分枝。刺状小叶螺旋或散生于茎轴上，孢子囊侧生。植物群中还有工蕨、徐氏蕨、先骕蕨、苞片蕨和亨氏蕨等。它们多是小的草本植物，依靠匍匐茎延伸生长，直立茎不高于 1 米。

　　In the Early Devonian, the climate of Qujing area in northeastern Yunnan was hot and dry. The propteridophytes lived on the floodplain and the bank slope. Prelycopsid *Drepanophycus* was the most common, its vertical aerial stem grows from the creeping rhizome, with a height of about 40 to 50 cm and bifurcated branches. Spiny leaflets spiral or scatter on the stem axis, sporangia laterally borne. The flora also includes *Zosterophyllum*, *Hsüa*, *Huia*, *Bracteophyton* and *Hedeia*. Most of them are small herbaceous plants, which spread by the creeping axes, with upright stems no more than one meter.

50cm×70cm　2015　布面油画　Oil on canvas

❶ 曲靖镰蕨 *Drepanophycus qujingensis*
❷ 澳大利亚工蕨 *Zosterophyllum australianum*
❸ 云南工蕨 *Zosterophyllum yunnanicum*
❹ 中国亨氏蕨 *Hedeia sinica*
❺ 变异苞片蕨 *Bracteophyton variatum*
❻ 纤细先骕蕨 *Huia gracilis*
❼ 楔形广南蕨 *Guangnania cuneata*
❽ 粗壮徐氏蕨 *Hsüa robusta*
❾ 回弯徐氏蕨 *Hsüa deflexa*

第四纪

新近纪

古近纪

白垩纪

侏罗纪

三叠纪

二叠纪

石炭纪

泥盆纪

志留纪

奥陶纪

寒武纪

元古宙

太古宙

冥古宙

第四纪

新生代

中生代

晚古生代

早古生代

显生宙

元古宙

太古宙

冥古宙

画作 8　Painting 8

早泥盆世滇东南岸边漫滩上的景观：漫滩上的原始蕨类

The coastal floodplain landscape of the Early Devonian in southeastern Yunnan: propteridophytes on the floodplain

　　早泥盆世，滇东南的文山地处热带或亚热带环境，气候温暖湿润。坡松冲植物群散落在近海的漫滩上。掌裂蕨是一种水生或半水生的细小植物。滩涂上生长着古木蕨，其匍匐轴在松软的底质上盘绕延伸，能育轴直立，高不过 10 厘米。工蕨和裸蕨是这一地质时期占优势的植物类群。工蕨 20～30 厘米高，成簇生长。真叶植物裸蕨相对粗壮，高或可超过 1 米。

　　In the Early Devonian, Wenshan of southeastern Yunnan was located in a tropical or subtropical environment with a warm and humid climate. Posongchong plants were scattered throughout the coastal floodplain. *Catenalis* is a kind of small aquatic or semi-aquatic plant. *Gumuia* has creeping axes coiled and extended on the beach of the soft substrate. Its fertile axes are upright, and has a height of no more than 10 cm. *Zosterophyllum* and *Psilophyton* are the dominant plant groups in this geological period. *Zosterophyllum* is 20 to 30 cm high and grows in clusters. Euphyllophyte *Psilophyton* is relatively robust and can be more than 1 meter high.

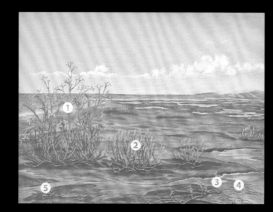

❶ 裸蕨 *Psilophyton*
❷ 工蕨 *Zosterophyllum*
❸ 曲轴古木蕨 *Gumuia zyzzata*
❹ 趾状掌裂蕨 *Catenalis digitata*
❺ 伞植体 *Sciadophyton*

40cm×50cm　2014　布面油画　Oil on canvas

第四纪

新生代 新近纪

古近纪

白垩纪

中生代 侏罗纪

三叠纪

二叠纪

显生宙

石炭纪

晚古生代

泥盆纪

志留纪

早古生代 奥陶纪

寒武纪

元古宙

太古宙

冥古宙

画作 9　Painting 9

早泥盆世滇东南岸边漫滩上的景观：潟湖岸边

The coastal floodplain landscape of the Early Devonian in southeastern Yunnan: the lagoon shore

　　这是一处潟湖岸边景观。在水中，底栖的盔甲鱼类是东亚地区特有的，另外，还有节肢动物和无绞腕足动物。掌裂蕨和多枝蕨被认为是水生或半水生的植物。沃瑞蕨以纤细的茎轴匍匐在岸边湿地上。工蕨和盘囊蕨都是簇生的草本工蕨类植物。真叶植物的少囊蕨、始叶蕨和抱囊蕨生活在岸边靠后，较高的位置上。后两者是坡松冲植物群中最具特色的地方性分子。

　　This is a view of the lagoon shore. In the water, there are benthic galeaspids, which are unique to East Asia, in addition, are arthropod and inarticulate brachiopods. *Catenalis* and *Ramoferis* are suggested that they are aquatic, semi-aquatic plants. *Oricilla* crawls on the wetland with its slender axes. *Zosterophyllum* and *Discalis* are both clustered herbaceous propteridophytes. Euphyllophytes, i.e. *Pauthecophyton*, *Eophyllophyton* and *Celatheca* live in a raised position near the shore. The latter two are the most distinctive local members in the Posongchong flora.

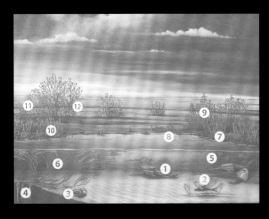

❶ 武定华南鱼 *Huananaspis wudinensis*
❷ 纸厂文山鱼 *Wenshanaspis zhichangensis*
❸ 板足鲎 *Eurypterus*
❹ 海豆芽 *Lingula*
❺ 趾状掌裂蕨 *Catenalis digitata*
❻ 柔顺多枝蕨 *Ramoferis amalia*
❼ 长柄盘囊蕨 *Discalis longistipa*
❽ 沃瑞蕨 *Oricilla*
❾ 优美始叶蕨 *Eophyllophyton bellum*
❿ 多枝工蕨 *Zosterophyllum ramosum*
⓫ 纤细少囊蕨 *Pauthecophyton gracile*
⓬ 贝克抱囊蕨 *Celatheca beckii*

50cm × 70cm　2022　布面油画　Oil on canvas

第四纪

新生代 新近纪

古近纪

白垩纪

中生代 侏罗纪

三叠纪

二叠纪

显生宙 石炭纪

晚古生代 泥盆纪

志留纪

奥陶纪

早古生代 寒武纪

元古宙

太古宙

冥古宙

画作 10　Painting 10

中泥盆世晚期华南湿地景观
Wetland landscape of South China in the late Middle Devonian

　　中泥盆世晚期华南仍处于赤道附近，属于热带和亚热带气候。在岸边湿地上，植物繁盛，主要是些地方属种。植物群以石松植物明显辐射分异为特征，包括前石松类的草本植物镰蕨、原始鳞木类的小木、异孢的草本植物玉光蕨，以及小乔木状的异孢石松类长穗蕨。原始的真蕨——枝蕨类植物开始发展，包括扇列蕨、原蕨及始枝蕨。扇列蕨粗壮的茎轴直径可达 9 厘米，它和小乔木石松植物长穗蕨有可能共同组成了华南最早的小树林。

　　In the late Middle Devonian, South China was still near the paleoequator, with a tropical and subtropical climate. In the coastal wetland, plants were flourishing, mainly local genera and species. The flora was characterized by the distinct differentiation of lycopsids which include prelycopsid, herb and isosporous *Drepanophycus*; protolepidophyte *Minarodendron*, herb and heterosporous *Yuguangia*, and a small, arborescent heterosporous *Longostachys*. Primitive ferns, cladoxylaleans began to develop, including *Rhipidophyton*, *Protopteridophyton* and *Eocladoxylon*. The diameter of the stout stem of *Rhipidophyton* can reach 9 cm. It, together with the small trees of lycopsid *Longostachys*, may form the earliest small forests in South China.

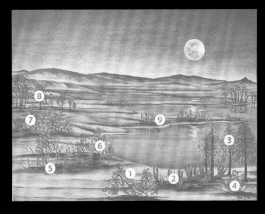

❶ 角状囊蕨 *Tauritheca cornuta*
❷ 有序玉光蕨 *Yuguangia ordinate*
❸ 具刺扇列蕨 *Rhipidophyton acanthum*
❹ 细纹裸蕨 *Psilophyton striatum*
❺ 刺镰蕨 *Drepanophycus spinaeformis*
❻ 泥盆原蕨 *Protopteridophyton devonicum*
❼ 小始枝蕨 *Eocladoxylon minutum*
❽ 宽孢叶长穗蕨 *Longostachys latisporophyllus*
❾ 华夏小木 *Minarodendron cathaysiense*

第四纪
新近纪
古近纪
白垩纪
侏罗纪
三叠纪
二叠纪
石炭纪
泥盆纪
志留纪
奥陶纪
寒武纪

新生代
中生代
晚古生代
早古生代
元古宙
太古宙
冥古宙
显生宙
新近纪

画作 11　Painting 11

晚泥盆世晚期华南蕨类植物森林
Pteridophyte forest in South China during the late Late Devonian

　　植物群中木本及草本石松类占优势，另有前裸子植物、真蕨类以及节蕨类。高大的前裸子植物古羊齿、乔木状石松亚鳞木和薄皮木，以及树型枝蕨共同形成森林；草本石松类念珠穗和无锡蕨、真蕨类郝氏蕨，以及节蕨类的钩蕨和楔叶发育成林下层。在树林边缘的湖岸旁，一只鱼石螈正蹒跚地从水中向岸上爬行。它们是陆地四足动物的前驱。

　　The plant community was dominated by lycopsids (woody and herbaceous ones), as well as progymnosperms, ferns and arthrophytes. The giant progymnosperm *Archaeopteris*, arbor lycopsids, *Sublepidodendron* and *Leptophloeum*, and tree fern, cladoxylopsids form a plant canopy. The herb lycopsids *Monilistrobus* and *Wuxia*, primitive fern *Shougangia*, arthrophyte *Hamatophyton* and *Sphenophyllum* develop into understory plants. At the lake border, an *Ichthyostega* crawls from water to shore. They are the ancestors of the terrestrial tetrapod.

❶ 鱼石螈 *Ichthyostega*
❷ 美好郝氏蕨 *Shougangia bella*
❸ 轮生钩蕨 *Hamatophyton verticillatum*
❹ 宜兴念珠穗 *Monilistrobus yixingensis*
❺ 双叶球无锡蕨 *Wuxia bistrobilata*
❻ 树型枝蕨 Cladoxylopsid tree
❼ 龙潭楔叶 *Sphenophyllum lungtanense*
❽ 松滋亚鳞木 *Sublepidodendron songziense*
❾ 斜方薄皮木 *Leptophloeum rhombicum*
❿ 马西琳达古羊齿 *Archaeopteris macilenta*

第四纪
新近纪
古近纪
白垩纪
侏罗纪
三叠纪
二叠纪
石炭纪
泥盆纪
志留纪
奥陶纪
寒武纪
元古宙
太古宙
冥古宙

新生代
中生代
晚古生代
早古生代
显生宙

画作 12　Painting 12

松滋亚鳞木的复原及个体发育
Restoration and ontogeny of *Sublepidodendron songziense*

　　松滋亚鳞木植物体为单一的直立茎轴，具有两列对生或可能互生的，多次二分叉的侧枝，形成一个塔状的树冠。树高可能到 6 米以上，基部为匍匐生长的根座。亚鳞木植物整体复原代表了几个分散的器官属种：叶座器官属亚鳞木、生殖结构的鳞孢穗、侧枝疤痕的疤木，以及匍匐根的根座。亚鳞木的生长模式属于"速生模式"。

　　The plant subset, *Sublepidodendron songziense* has a single vertical stem, with two rows of opposite or possibly alternate, multiple bifurcated lateral branches, forming a tower-shaped canopy. The height of the tree may have 6 meters or more, with a creeping root system. The restoration of *Sublepidodendron* represents several scattered organ genera: the leaf cushion is *Sublepidodendron*; the reproductive structure, *Lepidostrobus*; the lateral branch scars, *Ulodendron*; and the root system, *Stigmaria*. The growth mode of *Sublepidodendron* belongs to a "fast growth mode".

❶ 幼芽 The young
❷ 幼小植株，具有活跃扩张的分生组织
　 Juvenile individual with an actively enlarging meristem
❸ 正在发育的植株
　 An developing individual
❹ 分生组织达到最大发育的直径，且具发育早期树冠的植株
　 An developing individual with a meristem that has reached its maximum diameter, showing the early phases of canopy
❺ 成熟的植株，具塔形树冠及侧枝脱落留下的疤痕
　 Mature individual with an excurrent canopy and the *Ulodendron* scars

27 cm × 38 cm 2015 茶板油画 Cardboard oil painting

第四纪

新近纪

古近纪

白垩纪

侏罗纪

三叠纪

二叠纪

石炭纪

泥盆纪

志留纪

奥陶纪

寒武纪

元古宙

太古宙

冥古宙

新生代

中生代

晚古生代

早古生代

显生宙

元古宙

石炭纪
Carboniferous

画作 13　Painting 13

早石炭世华南河流与滨海三角洲景观
Early Carboniferous river and coastal delta landscape in South China

　　早石炭世的华南气候温暖湿润，河流与滨海三角洲的低地上泥炭沼泽发育，植物茂盛。植物群的主要成分为木本的石松、节蕨、真蕨及种子蕨，是华夏植物群的发育阶段。乔木型的鳞木开始分化发展，节蕨植物的主要类群——芦木类和楔叶类业已形成。在这个时期，种子蕨辐射演化，芦茎羊齿、皱羊齿和髓木类都得以发展，它们有些具有脉羊齿型或须羊齿型的小羽片。

　　In the Early Carboniferous, South China had a warm and humid climate. The peat marshes on the lowlands of rivers and coastal deltas were developed and the plants were luxuriant. The flora consisted of woody lycopsids, arthrophytes, ferns and seed ferns, which represents a development stage of the Cathaysian flora. The arbor lycopsids began to differentiate; the main groups of arthrophytes, i.e. calamiteans and sphenopsids had separately formed. During this period, the seed ferns, i.e. calamopityalean, lyginopteridalean and medullosan pteridosperms began to develop, some of them have *Neuropteris* or *Rhodeopteridium*-typed pinnules.

❶ 高骊山鳞木 *Lepidodendron gaolishanense*
❷ 窝木 *Bothrodendron ruchengense*
❸ 松滋亚鳞木 *Sublepidodendron songziense*
❹ 浅沟古芦木 *Archeocalamites scrobiculatus*
❺ 弱楔叶 *Sphenophyllum tenerrimum*
❻ 脉羊齿 *Neuropteris*
❼ 湘乡须羊齿 *Rhodeopteridium hsianghsiangense*

第四纪
新生代 新近纪
古近纪

白垩纪
中生代 侏罗纪
三叠纪
二叠纪

显生宙

晚古生代 **石炭纪**

泥盆纪

志留纪

早古生代 奥陶纪

寒武纪

元古宙

太古宙

冥古宙

画作 14　Painting 14

晒太阳的小蟑螂
A small cockroach basking in the sun

晚石炭世时，华北位于古特提斯海东侧的赤道附近，这里有宽广无垠的滨海低地和泥炭沼泽，气候湿热，雨量充沛，是热带及亚热带的华夏植物群最鼎盛的发育时期。植物群以蕨类植物鳞木类、芦木类、楔叶类，裸子植物科达和种子蕨髓木目的华夏特有种类繁盛为特色，也有真蕨类。一只小蟑螂正悠闲地趴在一株鳞木的茎干上晒着太阳。

In the Late Carboniferous, North China was located near the equator on the east side of the ancient Tethys Sea, where there were vast coastal lowlands and peat swamps. The climate was humid and hot, and the rainfall was abundant. It is the most prosperous development period of tropical and subtropical Cathaysian flora. This flora is characterized by the abundance of the unique Chinese species of lepidophytes, calamiteans, sphenopsids cordaitean gymnosperms and medullosan pteridosperms, as well as ferns. A little cockroach lies leisurely on a stem of *Lepidodendron* in the sun.

❶ 蜚蠊（蟑螂）Cockroach
❷ 蜘蛛 Spider
❸ 博茨须鳞木 *Lepidodendron posthumii*

❹ 鳞木，种 1 *Lepidodendron* sp.1
❺ 鳞木，种 2 *Lepidodendron* sp. 2
❻ 东方鳞皮木 *Lepidophloios orintalis*
❼ 鱼鳞封印木 *Sigillaria ichthyolepis*
❽ 顾氏窝木 *Bothrodendron kuianum*
❾ 髓木，具脉羊齿或座延羊齿型的小羽片
　　Medullosa, with *Neuropteris* or
　　Alethopteris-typed pinnules
❿ 种子蕨，具畸羊齿型的小羽片
　　A pteridosperm, with *Mariopteris*-
　　typed pinnules
⓫ 细尖芦木 *Calamites cistii*
⓬ 星轮叶 *Annularia stellate*
⓭ 楔叶多种 *Sphenophyllum* spp.
⓮ 带科达 *Cordaites principalis*

40cm × 50cm　2014　布面油画　Oil on canvas

第四纪

新近纪

新生代

古近纪

白垩纪

中生代

侏罗纪

三叠纪

显生宙

二叠纪

石炭纪

晚古生代

泥盆纪

志留纪

奥陶纪

早古生代

寒武纪

元古宙

太古宙

冥古宙

二叠纪
Permian

画作 15　Painting 15

石炭 – 二叠纪泥炭沼泽森林
Carboniferous-Permian peat swamp forest

　　距今 3 亿年前后的晚石炭世至早二叠世，沿着赤道及低纬度的热带 - 亚热带地区，气候温暖湿润。这里有宽广无垠的低地和泥炭沼泽，森林迷蒙而深邃。在滨海丛林的空旷地域，巨大的古蜻蜓落在鳞木的孢子叶球上，巨型节肢动物蜿蜒爬行。广袤的森林主要由乔木状石松类、科达、种子蕨、树蕨及草本真蕨等组成。另外还有藤本的种子蕨、具攀附能力的草本的楔叶，以及呈丛状或灌木状的苏铁和真蕨。

　　Around 300 million years ago, from the Late Carboniferous to Early Permian, the climate was warm and humid in the tropical and subtropical regions along the equator and low latitudes. There were vast lowlands and peat marshes and the forest was misty and deep. In the open area of the coastal jungle, a giant ancient dragonfly lands on a cone of *Lepidodendron*, and the giant arthropod snakes and crawls. The vast forest is mainly composed of lepidophytes, cordaites, seed ferns, as well tree and herb ferns. In addition, there were liana seed ferns, sphenopsids with climbing abilities, cycads and ferns in clumps or shrubs.

❶ 节肋虫 *Arthropleura*
❷ 巨脉古蜻蜓 *Meganeuropsis*
❸ 鳞木 *Lepidodendron*
❹ 封印木 *Sigillaria*
❺ 科达 *Cordaites*
❻ 髓木 *Medullosa*
❼ 辉木 *Psaronius*
❽ 莲座蕨目 *Marattiales*
❾ 楔叶 *Sphenophyllum*
❿ 蕉囊蕨 *Nemejcopteris*
⓫ 直脉华夏苏铁 *Cathaysiocycas rectanervis*

40cm × 50cm   2022   布面油画   Oil on canvas

第四纪
新近纪
古近纪
白垩纪
侏罗纪
三叠纪
二叠纪
石炭纪
泥盆纪
志留纪
奥陶纪
寒武纪
元古宙
太古宙
冥古宙

新生代
中生代
晚古生代
早古生代

显生宙

画作 16　Painting 16

早二叠世湖边的异齿龙
The lakeside *Dimetrodon* during the Early Permian

　　清晨，两只异齿龙正蹒跚从林中出来，通过湖边。其中一只看到了从水里爬出来，趴在树干上的蜻蜓若虫（水虿）。湿地由巨大的乔木状石松（鳞木及封印木）、莲座蕨目的辉木、种子蕨、可能的前裸子植物瓢叶目的副齿叶，以及楔叶类所组成。

　　In the early morning, two *Dimetrodon* crawl out from a forest and pass a shore. One of them watches a dragonfly nymph crawling out from the water while lying on a trunk. The wetland forest is composed of giant arbor lycopsids (*Lepidodendron* and *Sigillaria*), marattialean tree ferns, seed ferns, *Paratingia* (Noeggerathiales) of possible progymnosperm and sphenopsids.

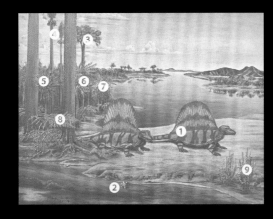

❶ 异齿龙 *Dimetrodon*
❷ 水虿 Dragonfly nymph
❸ 博茨须鳞木 *Lepidodendron posthumii*
❹ 封印木 *Sigillaria*
❺ 武丹副齿叶 *Paratingia wudensis*
❻ 副齿叶 *Paratingia*
❼ 辉木，具有栉羊齿型的小羽片
　 Psaronius, with *Pecopteris*-typed pinnules
❽ 三角织羊齿 *Emplectopteris triangularis*
❾ 楔叶 *Sphenophyllum*

40cm × 50cm 2014 布面油画 Oil on canvas

第四纪

新生代 新近纪

古近纪

白垩纪

中生代 侏罗纪

三叠纪

显生宙 二叠纪

晚古生代 石炭纪

泥盆纪

志留纪

早古生代 奥陶纪

寒武纪

元古宙

太古宙

冥古宙

画作 17　Painting 17

中二叠世豫南湿地景观
Mid-Permian southern Henan wetland landscape

　　中二叠世时期河南南部处于低纬度的近海区域，具有热带暖湿气候的环境。在三角洲平原上，地势低平，植物茂盛。在泛滥的低地沼泽丛林中，科达和乔木状鳞木类组成森林的高层。芦木科植物、树蕨、可能的前裸子植物瓢叶目的齿叶、藤本的大羽羊齿类（种子蕨）、苏铁及草本真蕨类的灌丛生活在沼泽地的边缘。

During the Middle Permian, the southern part of Henan was located in the coastal area of low latitude, with a warm and humid climate. On the delta plain, the terrain was low and flat, with lush plants. In the flooded swamp and topogenous forest, cordaites, arbor lepidophytes, formed the upper layer. Calamitean plants, tree ferns, *Tingia* (Noeggerathiales) of possible progymnosperms, gigantopterids of vine (seed ferns) and shrubs of cycads and herb ferns lived on the riparian setting of the swamps.

❶ 鳞木 *Lepidodendron*
❷ 疏脉科达 *Cordaites schenkii*
❸ 辉木 *Psaronius*
❹ 齿叶 *Tingia*
❺ 髻籽羊齿 *Nystroemia reniformis*
❻ 栗叶蕨型单网羊齿 *Gigantonoclea hallei*
❼ 圆形单叶单网羊齿 *Monogigantonoclea rotundifolia*
❽ 芦木 *Calamites*
❾ 轮叶 *Annularia*
❿ 剑瓣轮叶 *Lobatannularia ensifolia*
⓫ 直脉华夏苏铁 *Cathaysiocycas rectanervis*

画作 18　Painting 18

晚二叠世末绝灭事件时期黔西的景观
Landscape of western Guizhou during the Late Permian extinction event

晚二叠世末期黔西气候湿润多雨，滨海沼泽广布。湿地森林由鳞木、原始松柏类、树蕨、种子蕨、芦木及草本真蕨类的华夏特有种所组成。松柏类开始繁荣，以鳞杉为代表，还有攀援的种子蕨大羽羊齿类。二叠纪末大绝灭事件发生在约 2.51 亿年前。在 50 万年的时间内 98% 的海洋生物陆续消失。陆地上发生全球范围的森林大火，导致陆地表面风化加剧，生态系统崩溃，森林消亡。

At the end of the Late Permian, the climate in western Guizhou was humid and rainy, and the coastal marshes were widespread. The wetland forest was composed of the unique Cathaysian *Lepidodendron*, primitive conifers, herb and arbor ferns, seed ferns, and calamiteans. Conifers begin to prosper, represented by *Ullmannia*. Additionally there are climbing seed ferns, gigantopterids. A mass extinction at the end of the Permian Period occurred about 251 million years ago. Over a period of half million years, 98% of all marine lives gradually disappeared. A global forest fire led to the weathering intensification of the land surface, and a collapse of the ecosystem and disappearance of the forests.

❶ 猫眼鳞木 *Lepidodendron oculus-felis*
❷ 鳞杉 *Ullmannia*
❸ 辉木 *Psaronius*
❹ 髓木 *Medullosa*
❺ 贵州单网羊齿 *Gigantonoclea guizhouensis*
❻ 芦木 *Calamites*
❼ 紫萁科 Osmundaceae
❽ 里白科 Gleicheniaceae

40cm×50cm 2015 布面油画 Oil on canvas

第四纪

新生代 新近纪

古近纪

白垩纪

中生代 侏罗纪

三叠纪

二叠纪

显生宙

石炭纪

晚古生代 泥盆纪

志留纪

奥陶纪

早古生代 寒武纪

元古宙

太古宙

冥古宙

中生代
Mesozoic

三叠纪
Triassic

画作 19   Painting 19

早三叠世华北半干旱 – 干旱的荒漠
Semiarid and arid desert of North China in the Early Triassic

　　早三叠世半干旱 - 干旱的地区延伸过古老的大陆。这时气候炎热，植物匮乏。荒漠中的湿地是维系生物多样性的关键。在一条蜿蜒延伸的小溪旁，两只水龙兽（下孔类）正在饮水。新芦木生活在水边。真蕨类及舌羊齿长在周边。旱生 - 半旱生的木本小石松肋木，以及小草本的水韭散落在荒漠上。远处山脚下，古老的松柏类伏脂杉等聚集成林。

　　In the Early Triassic, semiarid to arid areas extended across the ancient continent. The climate was hot and plants were scarce. Wetlands in the desert are critical to maintaining biodiversity. Beside a winding stream, two *Lystrosaurus* (synapsids) are drinking water. *Neocalamites* plants live near the water. Ferns and *Glossopteris* grow on the around. The dry and semiarid woody *Pleuromeia* (small lycopsid) and small herb *Isoetites* (leeks) are scattered through the land. At the foot of the mountain in the distance is the forest of the ancient coniferophytes *Voltzia*, etc.

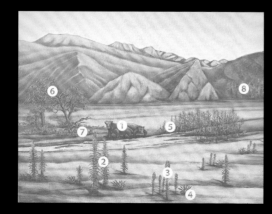

❶ 水龙兽 *Lystrosaurus*
❷ 司氏肋木 *Pleuromeia sternbergii*
❸ 交城肋木 *Pleuromeia jiaochengensis*
❹ 二马营拟水韭 *Isoetites ermayinensis*
❺ 新芦木 *Neocalamites*
❻ 舌羊齿 *Glossopteris*
❼ 真蕨类，可能属于紫萁科
　 Fern, possible Osmundaceae
❽ 伏脂杉 *Voltzia*

40cm × 50cm 2016 布面油画 Oil on canvas

画作 20　Painting 20

晚三叠世华北暖温带景观
During the Late Triassic North China warm temperate landscape

晚三叠世的华北，属于内陆性的暖温带气候。湖边的湿地上，植物茂盛。裸子植物占优势，包括盔籽目的种子蕨、苏铁类、银杏类和松柏类。裸子植物中，盔籽目的种子蕨可能为小树状，苏铁类常见，银杏较多见。此外，真蕨类及节蕨类也在湿地处繁荣。真蕨中莲座蕨目的拟合囊蕨、贝尔瑙蕨、拟丹尼蕨都是大型树蕨，短茎及块茎上长有大型羽状复叶。节蕨类的新芦木和似木贼生活在水边。两只二齿兽正在湖边游荡。

North China in the Late Triassic had an inland warm temperate climate. On the wetland near the lake, the plants were lush. Gymnosperms were dominant, including the corystosperm seed ferns, cycads, ginkgo and conifers in the forest. Corystosperms possibly are small dendriform. Cycadophytes and ginkgophytes are common. In addition, ferns and arthrophytes thrive in the wetland. Among the ferns, the Marattiales ferns including *Marattiopsis*, *Bernoullia*, *Danaeopsis* are all large-typed, with large pinnate compound leaves on the short stems and tubers. *Neocalamites* and *Equisetites* of the arthrophytes live near the water. Two dicynodonts wander along the lake margin.

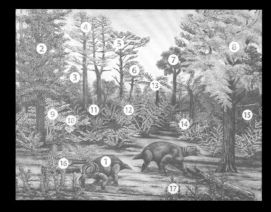

⑤ 松柏类 Coniferopsids
⑥ 南洋杉科 Araucariaceae
⑦ 鱼网叶 *Sagenopteris*
⑧ 大叶似银杏 *Ginkgoites magnifolius*
⑨ 多实拟丹尼蕨 *Danaeopsis fecunda*
⑩ 似托第蕨 *Todites*
⑪ 洛采异羽叶 *Anomozamites loczyi*
⑫ 蔡耶贝尔瑙蕨 *Bernoullia zeilleri*
⑬ 细苏铁，具有篦羽叶或假篦羽叶型的羽叶 *Leptocycas*, with *Ctenis* or *Pseudocteni*-typed fronds
⑭ 拟合囊蕨 *Marattiopsis*
⑮ 粗脉侧羽叶 *Pterophyllum*
⑯ 尖齿似木贼 *Equisetites acanthodon*
⑰ 蟹形新芦木 *Neocalamites carcinoides*

❶ 二齿兽类 Dicynodonts
❷ 银杏类 Ginkgophytes
❸ 盔籽目 Corystospermales
❹ 掌鳞杉科 Cheirolepidiaceae

40cm × 50cm   2017   布面油画   Oil on canvas

第四纪
新近纪
古近纪
白垩纪
侏罗纪
三叠纪
二叠纪
石炭纪
泥盆纪
志留纪
奥陶纪
寒武纪
元古宙
太古宙
冥古宙

新生代
中生代
晚古生代
早古生代

显生宙

元古宙

太古宙

冥古宙

画作 21　Painting 21

晚三叠世华南热带 – 亚热带景观
During the Late Triassic South China tropical and subtropical landscape

　　晚三叠世时期，华南气候湿热。一条副鳄正穿过河边的湿地。森林湿地是由多样化的真蕨植物和苏铁植物所组成，接界的是裸子植物所组成的岸边森林。真蕨中，多见大型的双扇蕨科和马通蕨科。苏铁和本内苏铁多为细枝型。森林由高大的松柏类植物（南洋杉科、掌鳞杉科及苏铁杉等）、种子蕨及树蕨所组成。水边是一些大型的节蕨类似木贼。这一时期是华南重要的造煤时期。

In the Late Triassic, South China had a humid and hot climate. A *Parasuchus* maneuvers through the riparian marsh. Forest wetlands were composed of various ferns and cycadophytes bordered by a riparian forest composed of gymnosperms. Among the ferns, there are many large members of the families Dipteridaceae and Matoniaceae; cycads and bennettites are mostly of twigs. The forest was composed of tall coniferopsids (Araucariaceae, Cheirolepidiaceae and *Podozamites* et al.), seed ferns and ferns. At the coast, there are large *Equisetites* (arthrophyte). This era is an important coal-making period in the South China.

❶ 副鳄 *Parasuchus*
❷ 南洋杉科 Araucariaceae
❸ 盔籽目 Corystospermales
❹ 细苏铁 *Leptocycas*
❺ 松柏类 Coniferopsids

❻ 掌鳞杉科 Cheirolepidiaceae
❼ 披针苏铁杉 *Podozamites lanceolatus*
❽ 鱼网叶 *Sagenopteris*
❾ 大网羽叶 *Anthrophyopsis*
❿ 等形侧羽叶 *Pterophyllum aequale*
⓫ 中华叉羽叶 *Ptilozamites chinensis*
⓬ 尼尔桑带羽叶 *Nilssoniopteris*
⓭ 狭羽网叶蕨 *Dictyophyllum exile*
⓮ 亚洲拟合囊蕨 *Marattiopsis asiatica*
⓯ 新月蕨型格子蕨 *Clathropteris meniscioides*
⓰ 异脉蕨 *Phlebopteris*
⓱ 紫萁 *Osmunda*
⓲ 陕西似托第蕨，具枝脉蕨型的小羽片 *Todites shensiensis*, with *Cladophlebis*-typed pinnules
⓳ 似木贼 *Equisetites*

40cm×50cm 2017 布面油画 Oil on canvas

第四纪
新近纪
古近纪
白垩纪
侏罗纪
三叠纪
二叠纪
石炭纪
泥盆纪
志留纪
奥陶纪
寒武纪

新生代
中生代
晚古生代
早古生代

元古宙
太古宙
冥古宙

显生宙

画作 22　Painting 22

侏罗纪印象：水边的马门溪龙
The Jurassic impression: *Mamenchisaurus* by the water

中 - 晚侏罗世的西北及华北，属内陆性的暖温带气候，早期温凉，后期趋于干旱。这个时代是裸子植物繁荣发展的时代，松柏类、银杏类植物丰富，还有苏铁和本内苏铁。湖边，似木贼单种成片生活在岸边的湿地上。蜥脚类恐龙——巨大的马门溪龙体长可达 20 余米，体重可达 20 余吨，正稳步穿过岸边的湿地。天空上，两只翼龙正在翱翔盘旋。

In the Middle-Late Jurassic, Northwest and North China had a warm inland climate. This region was, at first, cool but later became dryer. This period was an era of prosperity and development of the gymnosperms, with abundant coniferopsids and ginkgophytes, in addition, cycads and bennettites. The riparian setting was lived by monospecific stands of the *Equisetites*. The sauropod dinosaurs, two giant *Mamenchisaurus*, having a body length of more than 20 meters and a weight of more than 20 tons, steadily cross the wetland on the bank. Two pterosaurs hover in the sky.

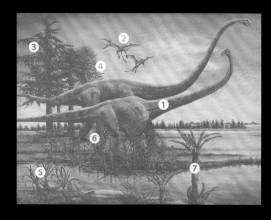

❶ 马门溪龙 *Mamenchisaurus*
❷ 悟空翼龙 *Wukongopterus*
❸ 义马银杏 *Ginkgo yimaensis*
❹ 似南洋杉 *Araucarites*
❺ 宾尼亚树，具有尼尔桑型羽片
　 Beania, with *Nilssonia*-typed frond
❻ 似木贼 *Equisetites*
❼ 威廉姆逊拟苏铁 *Williamsonia*

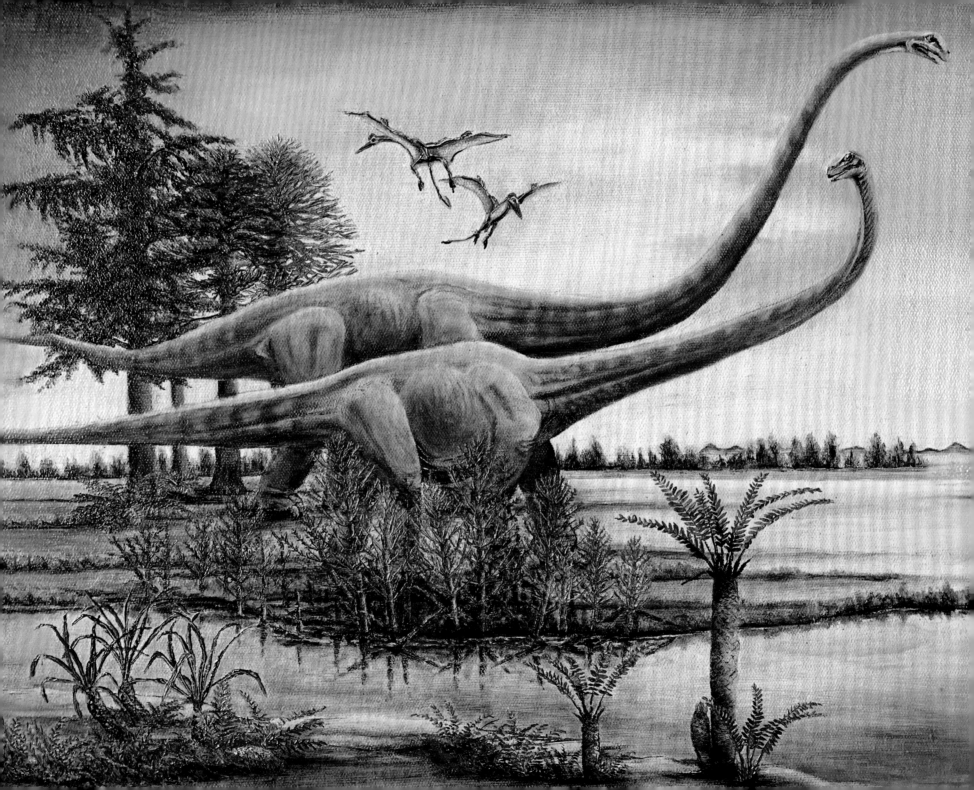

第四纪

新生代

新近纪

古近纪

白垩纪

中生代

侏罗纪

三叠纪

二叠纪

晚古生代

石炭纪

泥盆纪

志留纪

早古生代

奥陶纪

寒武纪

元古宙

太古宙

冥古宙

显生宙

画作 23　Painting 23

侏罗纪印象：林中的拟粗榧及杉木
The Jurassic impression: *Cephalotaxopsis* and *Cunninghamia* in the forest

　　水边有成片的新芦木，高大的亚洲杉及拟粗榧生活在湿地的较高位置，中层是乔木状蕨类和灌木，底层为草本的紫萁等植物。远处是原始的松柏类植物（主要是似南洋杉）组成的森林，它们是这个时代重要的造煤植物。

　　Patches of *Neocalamites* are near the water. Tall *Cunninghamia* (fir) and *Cephalotaxopsis* form a canopy in the forest. The arbor ferns and shrubs occupy the middle of the forest while the herb ferns and others cover the bottom. In the distance forest composed mainly of conifer *Araucarites*, an important coal plant in this era.

❶ 新芦木 *Neocalamites*
❷ 紫萁，具有枝脉蕨型小羽片
　 Osmunda, with *Cladophlebis*-typed pinnules
❸ 似托第蕨 *Todites*
❹ 拟粗榧 *Cephalotaxopsis*
❺ 亚洲杉木 *Cunninghamia asiatica*

40cm × 50cm   2016   布面油画   Oil on canvas

第四纪

新生代 新近纪

古近纪

白垩纪

中生代 侏罗纪

三叠纪

二叠纪

石炭纪

晚古生代

泥盆纪

志留纪

早古生代 奥陶纪

寒武纪

元古宙

太古宙

冥古宙

显生宙

画作 24 Painting 24

侏罗纪印象：中 – 晚侏罗世暖温带的森林
The Jurassic impression: a forest of warm temperate zone in the Middle-Late Jurassic

中 - 晚侏罗世中国西北的暖温带森林由成片的松柏类和银杏类植物组成。松柏类以杉木为主，可能还有原始的松科植物。银杏家族种类繁多，有些类型的植株形态现在还不了解。枝繁叶茂的义马银杏，生殖小枝长有多个具柄的胚珠，叶片深裂，显示了和现生银杏不同的特征。林中还有乔木的红豆杉、小乔木的树蕨蚌壳蕨和似托第蕨。草本蕨类植物紫萁和卷柏散布在林下。

A forest of the warm temperate zone during the Middle and Late Jurassic in northwest China was composed of patches of coniferophytes and ginkgophytes. Coniferous plants were mainly Chinese fir, and might have been primitive pine plants. There were many kinds of plants in the ginkgo family yet some of their morphology are still unknown. The luxuriant *Ginkgo yimaensis* (Yima ginkgo) has many stalked ovules on its reproductive branches, and leaves deeply split, showing characteristics from the living *Ginkgo biloba*. Arbor *Taxus* (yew) and tree ferns (*Dicksonia*, *Todites*) are also in the forest, herb pteridophytes, *Osmunda* etc., and selaginellites are scattered under the forest.

❶ 似里白，具有枝脉蕨型小羽片
Gleichenites, with *Cladophlebis*-typed pinnules

❷ 紫萁 *Osmunda*
❸ 红豆杉科 Taxaceae
❹ 蚌壳蕨，种 1，具有锥叶蕨型小羽片
Dicksonia sp. 1, with *Coniopteris*-typed pinnules
❺ 卷柏类 Selaginellites
❻ 豪土曼蕨 *Hausmania*
❼ 似木贼 *Equisetites*
❽ 蚌壳蕨，种 2 *Dicksonia* sp. 2
❾ 格子蕨 *Clathropteris*
❿ 杉木 *Cunninghamia*
⓫ 松型枝 *Pityocladus*
⓬ 义马银杏 *Ginkgo yimaensis*

第四纪

新生代 新近纪

古近纪

白垩纪

中生代 侏罗纪

三叠纪

二叠纪

晚古生代 石炭纪

泥盆纪

早古生代 志留纪

奥陶纪

寒武纪

元古宙

太古宙

冥古宙

显生宙

白垩纪
Cretaceous

画作 25　Painting 25

"热河生物群"：
最早的有花植物和具喙的鸟
The "Jehol Biota": the earliest flowering plants and beaked birds

早白垩世，众多淡水湖泊和泥炭沼泽散布在辽西地区。这里属于温带季节性气候，雨水充沛。在这样的环境下，发育了著名的"热河生物群"。它包括了多门类的、丰富的动植物。湖水中是最早的有花植物（即被子植物）——"古果"。虽说是有花植物，但是它尚未演化出花瓣和花托。一对孔子鸟伴侣正停留在岸边的黄杉树枝上。湖边生活着木贼和蕨类，远处是原始的松柏类植物似南洋杉和银杏。

In the early Cretaceous, the freshwater lakes, and developed marsh peats, were scattered everywhere on the western Liaoning area. It had a temperate seasonal climate with abundant rainfall. In this environment, the famous "Jehol Biota" developed. It includes a variety of animals and plants. The earliest flowering plants lived in the water, *Archaefructus* (ancient fruit) is a flowering plant, but they did not evolve petals and receptacle. A pair of *Confuciusornis* (Confucius birds) companions stayed on a cedar branch. The riparian wetland is covered by the horsetails and ferns, and in the distance, there are the gymnosperms, such as *Araucarites*, and *Ginkgo*.

❶ 圣贤孔子鸟 *Confuciusornis sanctus*
❷ 辽宁古果 *Archaefructus liaoningenus*
❸ 中华古果 *Archaefructus sinensis*
❹ 始花古果 *Archaefructus eoflora*
❺ 蹄盖蕨 *Athyrium*
❻ 桫椤 *Cyathea*
❼ 似木贼 *Equisetites*
❽ 密叶松型枝 *Pityocladus densifolis*
❾ 似南洋杉 *Araucarites*
❿ 银杏类 Ginkgophytes
⓫ 黄杉 *Pseudotsuga*

40cm × 50cm 2019 布面油画 Oil on canvas

第四纪
新近纪
古近纪
白垩纪
侏罗纪
三叠纪
二叠纪
石炭纪
泥盆纪
志留纪
奥陶纪
寒武纪
新生代
中生代
晚古生代
早古生代
元古宙
太古宙
冥古宙
新近纪
古近纪
显生宙

画作 26　Painting 26

"热河生物群"：林边的尾羽龙和帝龙
The "Jehol Biota": *Caudipteryx* and *Dilong* on the forest margin

早白垩世辽西的森林主要由松杉类和银杏类植物组成，松杉类包括南洋杉、罗汉松及红豆杉等。这个时期的硅化木具有年轮，反映了季节性的气候变化。耐旱植物买麻藤类及本内苏铁散布在林地的边缘。在一棵粗壮的榧树下，一只正在寻觅植物籽粒的尾羽龙被突然闪现的行动敏捷的帝龙所惊扰。

During the Early Cretaceous, the forest in western Liaoning was mainly composed of coniferous plants, including Araucariaceae plants, *Podocarpus* and *Taxus*, and ginkgo plants. The silicified wood in this period has annual rings, reflecting seasonal climate change. Drought-tolerant plants, *Ephedra* (rattans) and *Cycadeoidea* (cycads) were scattered at the forest margin. Under a sturdy *Torreya* tree, a *Caudipteryx* (tail-feathered dragon) looking for plant seeds is disturbed by the sudden flash of an agile *Dilong* (emperor dragon).

❶ 董氏尾羽龙 *Caudipteryx dongi*
❷ 奇异帝龙 *Dilong paradoxus*
❸ 似里白 *Gleichenites*
❹ 麻黄 *Ephedra*
❺ 拟苏铁，具有似查米亚型羽叶
　 Cycadeoidea, with *Zamites*-typed frond
❻ 莫那萨苏铁 *Monanthesia*
❼ 红豆杉 *Taxus*
❽ 榧树 *Torreya*
❾ 罗汉松 *Podocarpus*
❿ 银杏 *Ginkgo*

40cm × 50cm 　2019　布面油画　Oil on canvas

第四纪
新近纪
古近纪
白垩纪
侏罗纪
三叠纪
二叠纪
石炭纪
泥盆纪
志留纪
奥陶纪
寒武纪
元古宙
太古宙
冥古宙

第四纪
新生代
中生代
晚古生代
早古生代
显生宙

画作 27　Painting 27

"热河生物群"：松杉林中的早期哺乳动物
The "Jehol Biota": early mammals in pine and fir forest

早白垩世辽西的杉树高大挺拔，树林中的松柏植物也枝繁叶茂，特别是漂亮的金钱松，具有簇生呈圆盘状的针形叶。林下长有低矮的蕨类植物。两只巨爬兽用它们尖利的犬齿和粗壮的下颚，正在撕咬一只幼年的鹦鹉嘴龙。如小老鼠般大小的始祖兽在树枝上寻觅着球果和种子。它们都是原始的哺乳动物，白垩纪是哺乳动物重要的辐射演化时期。（巨爬兽和始祖兽的复原参照王元青，2009，图3，图9）

Fir trees of the Early Cretaceous in western Liaoning were tall and straight. The coniferous plants in the forest were also luxuriant, especially the beautiful *Pseudolarix* (golden larch), with needle-shaped leaves in disk-like clusters. Ferns lived under the forest. Two *Repenomamus* (giant reptile beast) with their sharp canine teeth and strong jaws, tear at a young *Psittacosaurus* (parrot beak dragon). An *Eomaia* (ancestral beast), the size of a small mouse, searches for cones and seeds on branches. They are primitive mammals, and the Cretaceous is an important period of radiation evolution for mammals. (The restoration of *Repenomamus* and *Eomaia* refer to Wang, 2009, Figure 3 and Figure 9)

❶ 攀援始祖兽 *Eomaia scansoria*
❷ 巨爬兽 *Repenomamus giganticus*
❸ 鹦鹉嘴龙 *Psittacosaurus*
❹ 鲁福德蕨 *Ruffordia*
❺ 蹄盖蕨 *Athyrium*
❻ 刺蕨 *Acanthopteris*
❼ 高氏金钱松 *Pseudolarix gaoi*
❽ 落叶松 *Larix*
❾ 松，具松型叶 *Pinus*, with *Pityophyllum*
❿ 杉木 *Cunninghamia*
⓫ 热河红杉 *Sequoia jeholensis*

40cm × 50cm   2020   布面油画   Oil on canvas

画作 28　Painting 28

小行星撞击地球
An asteroid hit the Earth

晚白垩世东北嘉荫植物群显示，古老的蕨类及裸子植物消失，新兴的被子植物涌现并辐射演化。这促成了以被子植物为食的哺乳动物的发展，以及新生态系统的形成。约 6600 万年前，一颗小行星撞击了地球。一瞬间，大地为之一震，冲击波四射，摧毁了一切，引发的火焰映红了天际。霸王龙嘶吼着逃命，天空中的翼龙也吓得上下翻飞。这意味着恐龙时代即将结束。伴随着绝灭事件的发生，撞击事件深刻影响了陆地的景观。

The Late Cretaceous Jiayin flora in Northeast China proved the disappearance of the ancient ferns and conifers. Angiosperms emerged and started to thrive and evolve. This led to the development of mammals that feed on angiosperms, and the formation of new ecosystems. About 66 million years ago, an asteroid hit the earth. In an instant, the earth shock, the shock waves shot across the earth, destroying everything, the triggered flames reflected by the sky turning it red. *Tyrannosaurus rex* roared for his life, and the pterosaurs in the sky flew up and down in fright. The age of dinosaurs is now ending. The hitting changed the landscape of the world forever, accompanying with an appearance of extinction event.

❶ 霸王龙 *Tyrannosaurus rex*
❷ 翼龙 Pterosaur
❸ 掌鳞杉科 Cheirolepidiaceae
❹ 北极似昆兰树 *Trochodendroides arctica*
❺ 二列水杉 *Metasequoia disticha*
❻ 木兰 *Magnolia*
❼ 荚蒾 *Viburnum*
❽ 枝脉蕨 *Cladophlebis*
❾ 铁角蕨 *Asplenium*

40cm × 50cm   2021   布面油画   Oil on canvas

70

第四纪
新近纪

新生代

古近纪

白垩纪

侏罗纪

三叠纪

二叠纪

石炭纪

泥盆纪

志留纪

奥陶纪

寒武纪

元古宙

太古宙

冥古宙

第四纪

新近纪

中生代

晚古生代

早古生代

显生宙

新生代
Cenozoic

古近纪
Paleogene

画作 29　Painting 29

始新世抚顺泥炭植物群
Eocene Fushun peat flora

始新世东北抚顺地区，泥炭沼泽广泛分布。在亚热带及暖温带的气候环境下，喜湿的常绿、落叶阔叶林植物桤木、连香树等生活在湖边和湿地上，林下层有真蕨植物，山坡上可见红杉等松柏类植物。杉科沼泽植物中的代表分子落羽杉、水松及水杉，也都广泛出现。它们喜欢生活在沼泽或排水良好的土壤中。其中，水杉是这个植物群中的优势分子。

During the Eocene, the paludal swamps were common in Fushun, Northeast China. In the subtropical and warm temperate climates, evergreen and deciduous, broad-leaved forest plants such as *Alnus* (alder) and *Cercidiphyllum*, etc. live in the riparian margin and wetland. Under the forest are ferns. Conifers such as *Sequoia* are on the hillside. Taxodiaceous conifers include *Taxodium*, *Metasequoia* and *Glyptostrobus*, which also widely appear in the swamp; they thrive in marshes and well-drained soil. Among them *Metasequoia* is the dominant element in this flora.

❶ 中国红杉 *Sequoia chinensis*
❷ 山毛榉 *Fagus*
❸ 桤木 *Alnus*
❹ 北极连香树 *Cercidiphyllum arcticum*
❺ 中国杨 *Populus sinensis*
❻ 二列水杉 *Metasequoia disticha*
❼ 欧洲水松 *Glyptostrobus europaeus*
❽ 落羽杉 *Taxodium*
❾ 鹅耳枥 *Carpinus*
❿ 褐煤紫萁 *Osmunda lignite*
⓫ 海金沙 *Lygodium*
⓬ 古黑三棱 *Sparganium antiquum*

40cm × 50cm   2022   布面油画   Oil on canvas

第四纪

新近纪

古近纪

白垩纪

侏罗纪

三叠纪

二叠纪

石炭纪

泥盆纪

志留纪

奥陶纪

寒武纪

元古宙

太古宙

冥古宙

新生代

中生代

晚古生代

早古生代

显生宙

画作 30　Painting 30

渐新世西藏的棕榈树
Oligocene palms in Xizang

渐新世时期（约 2500 万年前），西藏中部伦坡拉地区植物繁盛，水草丰美。水中有鱼蛙，水边有芦苇及香蒲，岸上生活着棕榈、栾树及榆树等，稍远的山坡上生活着常绿阔叶林或针叶林。这样的动植物组合显示的是亚热带气候条件下，海拔不超过 2300 米的景观。然而，现在伦坡拉地区是海拔约 4500 米的高原。由此，学者们推测，2500 万年以来，青藏高原的主体隆升了 2000 多米。

During the Oligocene (about 25 million years ago), plants flourished in Lunpola region in central Xizang where water and grass were abundant. Fish and frogs reside near reeds and *Typha* (cattails), which are in the water. *Sabalites* (palm), *Koelreuteria* (luan) and *Ulmus* (elm) trees live on the shore. Forests with long-green broad-leaved or coniferous trees thrive on the slightly distant hillside. This combination of animals and plants shows a landscape under subtropical climate conditions with an altitude of no more than 2300 meters. However, Lunpola is now a plateau with an altitude of about 4500 meters. Therefore, scholars speculate that the main part of the Qinghai-Xizang Plateau has risen by more than 2000 meters since 25 million years ago.

❶ 西藏似沙巴榈 *Sabalites tibtensis*
❷ 榆 *Ulmus*
❸ 栾树 *Koelreuteria paniculata*
❹ 香蒲 *Typha*

第四纪

新近纪

古近纪

白垩纪

侏罗纪

三叠纪

二叠纪

石炭纪

泥盆纪

志留纪

奥陶纪

寒武纪

元古宙

太古宙

冥古宙

新生代

中生代

晚古生代

早古生代

显生宙

新近纪
Neogene

画作 31　Painting 31

中新世山东山旺常绿、落叶阔叶混交林
Miocene Shandong Shanwang evergreen and deciduous broad-leaved mixed forest

　　中新世时期，一座秀丽的湖泊坐落在气候温暖的山东临朐地区。这个小湖泊水质清澈，动植物繁荣，特别是浮游植物硅藻大量繁衍。在湖泊周缘及山坡上长满了常绿、落叶阔叶混交林。深秋的季节，它们显示了色彩斑斓的景色。植物脱落的叶片沉入水底，作为化石被精致地保存了下来。植物组合显示了温带、暖温带的特点，典型的类群包括桦、山核桃、枫香、槭、榆等及草本植物；另有一些热带、亚热带的分子，如樟树等。这一植物组合可和现生于华南、长江流域的植物群相比较。

　　During the Miocene, Linqu district of Shandong Province had a warm temperate climate. There was a beautiful small lake with clear waters where phytoplankton diatoms multiplied. A mix of both evergreen and deciduous broad-leaved trees forms a forest that grows around the lake and on the hillside. In late autumn, the scene is very colorful. The fallen leaves of plants sunk to the bottom of the water and exquisitely preserved as fossils. The plants include *Betula*, *Carya*, *Liquidambar*, *Acer*, *Ulmus*, etc., as well herb plants; Additionally, there are also tropical and subtropical elements, such as the *Cinnamomum* (camphor tree). This combination of plant species is similar to the flora now living in South China and the Yangtze River basin.

❶ 华山核桃 *Carya miocathayensis*
❷ 松 *Pinus*
❸ 柏木 *Cupressus*
❹ 绒合欢 *Albizzia miokalkora*
❺ 华枫香 *Liquidambar miosinica*
❻ 彩叶槭 *Acer subpictum*
❼ 绒金缕梅 *Hamamelis miomollis*
❽ 亮叶桦 *Betula mioluminifera*
❾ 樟 *Cinnamomum*
❿ 槭叶刺楸 *Kalopanax acerifolia*
⓫ 小叶榆 *Ulmus miopumila*
⓬ 秋葡萄 *Vitis romanetii*
⓭ 石竹科 Caryophyllaceae
⓮ 百合科 Liliaceae
⓯ 中华蓼 *Polygonum miosinicum*
⓰ 禾草 *Graminites*
⓱ 苔藓 Mosses

第四纪
新生代 新近纪
古近纪
白垩纪
中生代 侏罗纪
三叠纪
二叠纪
显生宙
石炭纪
晚古生代
泥盆纪
志留纪
早古生代 奥陶纪
寒武纪
元古宙
太古宙
冥古宙

画作 32　Painting 32

晚中新世临夏针阔混交林，间有草原
Late Miocene Linxia coniferous and broadleaved mixed forest, with grasslands

晚中新世（距今 600 多万年），青藏高原东北缘的临夏盆地为针阔混交林间有草原的植被，气候凉爽。白桦树下，一只萨摩麟悠然自得，它被认为是古老的长颈鹿。几只三趾马从远处跑过。稍近处，白桦树林、山毛榉林、杉树及柏树散布在草滩上，水边长有柳树、栎树。草地上，藜科和禾本科等草本植物处处可见。

In the late Miocene (more than 6 million years ago), the Linxia Basin on the northeast edge of the Qinghai-Xizang Plateau had a cool climate. The vegetation was mainly coniferous and broadleaved mixed forest with sparse grassland. Under the *Betula* (birch tree), a *Samotherium* rests leisurely, it is thought to be an ancient ancestor of the modern-day giraffe. Several *Hipparion* (three-toed horses) run past from a distance. Nearby, *Betula* (birch) and *Fagus* (beech) forest, *Cunninghamia* (fir) and *Cupressus* (cypress) trees are scattered throughout the grassland, while *Salix* (willow) and *Quercus* (oak) trees grow along the water. Chenopodiaceae, Poaceae and other herbaceous plants can be seen everywhere.

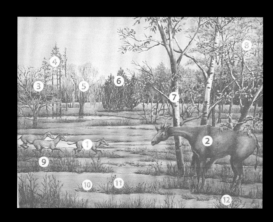

❶ 三趾马 *Hipparion*
❷ 中国萨摩麟 *Samotherium sinense*
❸ 栎 *Quercus*
❹ 柏木 *Cupressus*
❺ 柳 *Salix*
❻ 杉木 *Cunninghamia*
❼ 桦木 *Betula*
❽ 山毛榉 *Fagus*
❾ 蒿 *Artemisia*
❿ 禾本科 Poaceae
⓫ 藜科 Chenopodiaceae
⓬ 蓼 *Polygonum*

40cm × 50cm 2021 布面油画 Oil on canvas

78

第四纪

新生代
新近纪
古近纪
白垩纪

中生代
侏罗纪
三叠纪
二叠纪

晚古生代
石炭纪
泥盆纪
志留纪
奥陶纪
寒武纪

显生宙

元古宙

早古生代

太古宙

冥古宙

第四纪
Quaternary

画作 33　Painting 33

更新世中期北京周口店地区景观：北京直立人
A landscape of Beijing Zhoukoudian area in the middle Pleistocene: *Homo erectus pekinensis*

　　更新时中期（距今 50 万年前后）的北京周口店地区，一个壮硕的北京直立人（北京猿人）从山边的丛林中闪出。他手握砍砸器，嘴角微抿，眼睛直视前方，眼神执着坚毅，显示了与恶劣生存环境抗争的阳刚精神。周边的植被是北温带阔叶林树丛中常见的，包括黑榆、栓皮栎等，灌丛有紫荆、荆条，另外还有低矮的草本植物。

In the middle Pleistocene (about 500 thousand years), in the Zhoukoudian area of Beijing, a magnificent *Homo erectus pekinensis* flashed out from the jungle at the mountain edge. He holds a chopping stone in his hand, the edges of his mouth is slightly pursed, his eyes are staring straight ahead, persistently and resolutely, which shows his willpower and spirit, fighting against the harsh living environment. The surrounding vegetation is common for the north temperate broad-leaved forest bushes, including *Ulmus* (elm), *Quercus* (oak), *Cercis*, *Vitex*, etc. in addition, small herbaceous plants.

❶ 北京直立人
Homo erectus pekinensis

❷ 紫荆
Cercis chinensis

❸ 栓皮栎
Quercus variabilis

❹ 黑榆
Ulmus davidiana

❺ 荆条
Vitex negundo var.
heterophylla

❻ 狗尾草
Setaria

❼ 白羊草
Bothriochloa

❽ 蟋蟀草
Eleusine

❾ 小叶鼠李
Rhamnus parvifolia

❿ 真蕨类
Ferns

50cm × 70cm   2022   布面油画 Oil on canvas

60cm × 80cm 2022 布面油画 Oil on canvas

81

第四纪

新生代

新近纪 古近纪 白垩纪

中生代

侏罗纪 三叠纪 二叠纪

晚古生代

石炭纪 泥盆纪 志留纪

显生宙

奥陶纪 寒武纪

早古生代

元古宙

太古宙

冥古宙

画作 34　Painting 34

更新世中期北京周口店地区景观: 围猎肿骨鹿

A landscape of Beijing Zhoukoudian area in the middle Pleistocene: hunt thick-jawed deer

　　一个晚霞满天的傍晚，一头老年的肿骨鹿倒卧在了开阔林地边缘的河滩上。近处长有几株青檀和鹅耳枥，地面上散落着藜、莎草、堇菜及狗尾草等草本植物。远处山脚下是针叶和阔叶的混交林。几个北京猿人手握石器或简单的木棒，从不同方向围拢了过来，一场猎杀即将开始。肿骨鹿体型巨大，身长接近 2.5 米，身高接近 2 米，猎杀并不容易。

One evening, an old *Megaloceros pachyosteus* (thick-jawed deer) lays down on the beach at edge of the open forest. There are several *Pteroceltis* and *Carpinus* trees in the near section, and the ground is scattered with *Ziziphus*, *Viola*, *Chenopodium*, *Cyperus* and other herbs. At the foot of the mountain in the distance is a mixed forest of coniferous and broad-leaved trees. Several "Beijing men", holding stone or simple wooden sticks, gather from different directions, and a hunt begins. *Megaloceros* is huge, with a length of nearly 2.5 meters and a height of nearly 2 meters. It is not easy to hunt.

❶ 北京直立人
　 Homo erectus pekinensis
❷ 肿骨鹿 *Megaloceros pachyosteus*
❸ 鹅耳枥 *Carpinus turczaninowii*
❹ 青檀 *Pteroceltis tatarinowii*
❺ 酸枣 *Ziziphus jujuba* var. *spinosa*
❻ 堇菜 *Viola*
❼ 莎草 *Cyperus*
❽ 藜 *Chenopodium*

第四纪

新生代　新近纪
古近纪
白垩纪
中生代　侏罗纪
三叠纪
二叠纪
石炭纪
晚古生代
泥盆纪
志留纪
奥陶纪
早古生代
寒武纪

元古宙

太古宙

冥古宙

显生宙

画作 35　Painting 35

全新世早期京西斋堂地区景观：东胡林少女
Early Holocene landscape of Zhaitang area, western Beijing: a Donghulin girl

全新世早期（距今 11000～9500 年）京西门头沟斋堂，一位东胡林少女站在朴树下面，她个子苗条，颈项上戴有复合项链，胸前是河蚌配饰，一只手腕上戴有兽骨手镯。北京西部地区属温带大陆性季风气候，四季明显。山区的植被也和现在相近，以松柏及落叶阔叶植物为主，包括松、朴、臭椿等，还杂有鼠李、酸枣，以及草本的豆科、莎草科、禾本科等。

In the early Holocene (11000–9500 years ago), in the Zhaitang of Mentougou district, western Beijing, a young girl of the Donghulin stood under a *Celtis* (park tree). She is slim, with a composite necklace on her neck, a shellfish accessory on her chest, and an animal bone bracelet on her wrist. The western part of Beijing has a temperate continental monsoon climate with four distinct seasons. Then vegetation in the mountain area was similar to that of today, mainly coniferous and deciduous broad-leaved plants, including pine *Pinus*, *Celtis*, *Ailanthus*, etc., as well as *Rhamnus*, *Ziziphus jujuba* var. *spinosa*, and herbs plants: Leguminosae, Cyperaceae, Gramineae, etc.

❶ 智人，东胡林人
　Homo sapiens, Donghulin man
❷ 松 *Pinus*
❸ 大叶朴 *Celtis koraiensis*
❹ 蔷薇科 Rosaceae
❺ 臭椿 *Ailanthus altissima*
❻ 小叶鼠李 *Rhamnus parvifolia*

60cm × 80cm　2017　布面油画　Oil on canvas

第四纪

新生代

新近纪 古近纪 白垩纪

中生代 侏罗纪 三叠纪 二叠纪

晚古生代 石炭纪 泥盆纪

显生宙 志留纪 奥陶纪 寒武纪

早古生代

元古宙

太古宙

冥古宙

画作 36　Painting 36

全新世早期京西斋堂地区景观：旱作农业的起源
Early Holocene landscape of Zhaitang area, western Beijing: the origin of dry farming

　　1万年前一个深秋的上午，在北京西部门头沟，斋堂清水河的阶地上，东胡林人正在收获。他们正在朴树下，用石磨盘和石磨棒加工朴树籽粒。一个女孩怀抱着收获的粟向我们走来，意味着驯化正取代采摘，也意味着中华文明的开始。农业的出现可能是生活压力所导致的，然而它是在为文明奠基，是神圣的。

One morning in the late autumn of 10000 years ago, on the terrace of the Qingshui River in Donghulin Village, Mentougou district, western Beijing, Donghulin people were harvesting millets. They are processing the seeds of the *Celtis* tree with a stone grinding plate and rod under the hackberry tree. A young girl carries a harvest of millets in her arms, and comes towards us. It means that domestication is replacing picking, and a starting of the Chinese civilization. The emergence of agriculture may be due to the pressure of life, however, it is laying the foundation for civilization, and is sacred.

❶ 智人 *Homo sapiens*
❷ 石磨盘 Millstone disk
❸ 陶器 Pottery
❹ 小叶朴 *Celtis bungeana*
❺ 山桃 *Prunus davidiana*
❻ 粟（小米）
　 Setaria italica var. *germanica*
❼ 狗尾草 *Setaria viridis*

60cm×80cm　2018　布面油画　Oil on canvas

Further reading:
the plant landscapes
in geological history

第三章

进一步阅读：
地史时期陆地
植物景观

延伸阅读按照画作的顺序（自画作 1 至画作 36）及画作所处的地质
时代展开。文内涉及的植物属种名称，化石植物依据《中国植物化石》《中
国化石植物志》等总结性丛书，现代植物则依据《中国植物志》丛书（http://
www.iplant.cn/）。相应的参考文献，在书末列出，以便于读者进一步查询。

一

地球、太古宙及元古宙

（一）我们生活的地球

　　我们生活的地球只是太阳系的八大行星之一。地球所在的太阳系还有 400 多颗卫星、100 多万颗小行星。若是把海王星的轨道当作太阳系的边界，太阳系直径至少为 90 亿千米。太阳系之外，还有银河系。它是包含无数个太阳系的大星系群，直径约 10 万光年，里面有上千亿个像太阳系一样的星系。而在宇宙之中，类似于银河系的星系，至少有 500 亿个，银河系在宇宙中都是可忽略不计的存在，更何况太阳系和地球了。我们生活的地球，只不过是浩瀚宇宙中的一粒微尘（https://www.zgbk.com/）。

　　这个我们赖以生存的地球，经历了漫长的演化历史。在地球形成之初，它曾经火山喷发，地壳颤动，熔岩横流。伴随大气圈及海洋的形成，诞生了地球最早的生命。随后生命的演化历程波澜壮阔，跌宕起伏。生命从海洋到陆地演绎着起源与辐射，绝灭与复苏，最终出现了人类（张昀，1998；周志炎，2010），形成了当今众多的生命形式以及五彩斑斓的自然景观。

画作 1
地球，诞生在约
46 亿年前的云
骸之中

关于太阳系及地球起源，至今已经提出过多种学说。一般认为宇宙诞生于约 137 亿年前的一次大爆炸，它所形成的云骸四处飘散，形成最初的太阳星云。太阳及地球起源于这个原始太阳星云，地月系统大约在 46 亿年前形成（穆迪等，2001）。

在地球形成之初的 5 亿年（冥古宙），放射性热源逐渐减少，冷却，地球物质分异，形成圈层。高温熔融状态必然导致气体溢出，此时的大气圈不稳定，也可能出现了小的水圈，为生命演化提供了条件。此时，可能已完成了前生命（或前细胞）阶段的化学演化而进入了生命演化阶段（张昀，1998）。

（二）太古宙，生命诞生的时代

距今 40 亿～25 亿年的太古宙，随着地壳上地幔的冷却，稳定地块开始形成。已测知的最古老岩石同位素地质年龄为 38 亿年。由于地幔对流运动强烈，地表很不稳定，火山活动强烈，空气中不时回荡着火山喷发时的闷响和狂野肆虐的电离风暴的声响，暴雨从灰色的天幕中倾泻而下。

在大约 35 亿年前，地核、地幔及地壳逐渐形成。直到太古宙后期，大面积的稳定地块方才形成。在这一时期，大气圈及海洋出现。早期的大气和今天的不同，富含氩、氖等稀有气体，同时也含有二氧化碳、氮气及水蒸气等，缺氧或几乎无氧，它们可能来源于频繁的火山活动。随着地表和大气温度的下降，大气中的温室气体也开始回落地面。水蒸气凝结为水滴，为地球带来了连绵不断的暴雨，雨水汇聚而成的海洋诞生了。在原始的海洋中，海水是含盐的，pH值较高，温度也高，有学者推断，大约在 80 摄氏度左右。在太古宙早期，可能在海洋深处的一个角落，碳元素与氧、氢、氮等元素聚在一起，逐渐演变成细胞，以碳元素为核心的碳基生命就此诞生。生命诞生之初的地球几乎没有氧气，早期的生命也可能仅深居海洋摇篮（张昀，1998）。

太古宙最古老的生命记录，学术界仍有争议。科学家曾在格陵兰距今 38 亿年的条带状含铁建造岩石中发现有碳结晶的石墨，这被认为是生命的遗骸经变形形成的。在澳大利亚西北部轻变质的硅质叠层石中发现了距今 35 亿年的丝状细菌和蓝细菌。蓝细菌能进行释氧的光合作用，正是它们不断吸收大气层中的二氧化碳，释放出氧气，致使大气的成分得以改变。氧气与大气层中的甲烷（CH_4）

画作 2
太古宙的景象

作用形成二氧化碳（CO_2）和水（H_2O），和氨（NH_3）结合形成了氮气和水，与硫化氢（H_2S）作用形成了水和二氧化硫，进而形成硫酸溶于水中。这些作用改变了大气的成分和海水的成分。氧气促使海水中因火山喷发大量溶于水的二价铁转化为不溶于水的三价铁。这使海水中的大量铁沉积下来，发生了大规模的成铁事件，我国大规模的鞍山式铁矿，就是这个时期形成的（周志炎，2010）。

（三）元古宙，菌藻发展繁盛的时代

　　陆块岩石组成、结构和沉积相的改变标志着元古宙（距今 25 亿～5.38 亿年）的开始。大约 24 亿年前，地球大气迎来了第一次全球规模的充氧过程。氧气的到来为需氧生命的演化提供了保障。陆相红层（约 18 亿年前）的出现，也指示含铁矿物的氧化，表明大气含氧量的升高。海水缺氧状态消失，二氧化碳减少，但却长久地停滞在原核生命统治的阶段。随着光合真核生命起源于海洋，近岸生物量及氧气丰富起来。板块的碰撞（约 14 亿年前）在超大陆边缘引发了造山运动。元古宙末到显生宙初的这段时间（距今 6.5 亿～5.5 亿年）是菌藻生物、后生植物及后生动物第一次适应辐射的时期，也是生命史中的一个重要转折点，即由微观生命向宏观生命的进化转变，由单细胞生命向多细胞复杂生命的转变。后生植物为多细胞绿藻和红藻类，后生动物包括水母等。由此，地质历史也相应地分为前显生宙（Pre-phanerozoic）和显生宙（Phanerozoic）两大时代（张昀，1998）。

画作 3
新元古代陡山沱期华南海岸边的景像

　　在新元古代"雪球"寒冷事件以后的埃迪卡拉纪陡山沱期（约 6.5 亿年前），华南扬子地块（贵州瓮安及湖北三峡庙河等地）出现了一次广泛的海侵，浅海中出现了多细胞真核藻类（袁训来等，2002）和疑源类（唐烽等，2008）。识别出的绿藻类包括拟浒苔（*Enteromorphites*）、管球藻（*Glomulus*）及陡山沱藻（*Doushantuophyton*），褐藻类包括棒形藻（*Baculiphyca*）、革辛娜藻（*Gesinella*）

及庙河藻（*Miaohephyton*），红藻类包括峡岭藻（*Konglingiphyton*）及原叶藻（*Thallophyca*）。这些浅海中的大型多细胞真核藻类个体大小多为"毫米级"或"厘米级"，在广阔的海水中极不显眼。它们的属性是通过和现生藻类对比确定的，因而分类位置极具争议。但它们代表了生物进化史上具有里程碑意义的革新。陡山沱期生物群不仅包含具细胞结构和组织分化的多细胞藻类原叶体、多细胞藻类集合体、丝状藻类、球状藻类、疑源类等化石，还包括后生动物休眠卵和胚胎化石以及早期后生动物的遗体或遗迹等化石。这些化石反映了新元古代陡山沱期真核生物的多样性，也标志着进化史上一次重要的辐射事件。

　　在这一时期，植物开始了陆地化这一漫长而复杂的进化过程。陆地化事件是地球表面变绿和多样性爆发的起点。一些近海的地理生境出现周期性的干涸地区，这就成为最初植物登陆的选择环境。蓝细菌和真菌被认为是最早移居到陆地的生物。保存在贵州省瓮安磷矿距今约 6 亿年的黑色磷块岩中的地衣是真菌菌丝与藻类细胞两类生物共生在一起的复合生命体，也是较早移居到陆地的生物。现代地衣中的光合共生物通常为绿藻（主要为共球藻属 *Trebouxia*）或蓝细菌（主要为念珠藻属 *Nostoc*）。现代的地衣就可以生活在极端干旱的裸岩地带。由此，人们认为，蓝细菌、真菌、藻类和地衣使荒芜的地表形成披壳，裸露的陆地开始着色（Yuang et al., 2005）。

二

显生宙陆地植物景观

（一）早古生代，地衣、有胚植物苔藓发展时代

　　距今 5.38 亿~ 4.19 亿年的早古生代初期，北半球是广阔的大洋。超大陆（劳伦古陆和冈瓦纳大陆）主要位于赤道附近及南半球。地球上的陆地面积比现在要小很多。此后，随着火山岛弧的增加和海岸台地的扩张，陆地面积不断扩大。寒武纪是海洋生物大爆发的时期，澄江生物群的研究为此提供了强有力的证据。

　　在早古生代，海洋中的藻类也异常繁荣，它们在我国南方的早寒武世形成薄层的石质煤。早古生代后期的造山运动使陆地的环境更趋多样化，全球的火山活动渐趋于平静。陆地上，河流的侵蚀作用加强。地衣及苔藓等也开始发挥制造氧气、调节大气中二氧化碳的作用。陆地上的菌藻生物及植物日渐繁荣，其水分蒸腾作用调节了陆地的环境，加速了地表岩石的风化速率。微生物的生命活动和藻类的新陈代谢、生物的死亡和腐烂造就了复杂的土壤。贫瘠的大地变得丰裕了，也就为新的、更高层次的移居者向陆地的迁移奠定了基础。随着陆地环境的改变，适应气生环境的组织结构演化完善，植物才完成了由水生到气生的飞跃。从此陆地披上了绿装，陆生动物也开始繁衍，我们的地球变得郁郁葱葱，生机盎然。

寒武纪、奥陶纪、志留纪

画作 4
早古生代陆地
景观

　　陆地绿色植物的祖先是科学家一直在探寻的课题。学者们的谱系分析认为，在绿藻类中，与鞘毛藻（*Coleochaete*）相关的类群可能是陆地绿色植物的祖先类群。鞘毛藻是现生的绿藻类，它的雄配子可和陆地植物的精子相比较，而不动的雌配子可和有胚植物的生殖卵比较（Blackwell, 2003）。合子（受精卵）保留在母体植物上且被一层营养的配子体细胞包被（McCourt et al., 2004），显示了有胚植物的特征（图 3-1）。它们向陆地的进军可能发生在元古宙中后期。也有学者分析认为，双星藻纲的某种藻类基因组具有更多与抗干旱、抗强紫外线等相关的转录因子，与陆地植物共享的被认为是陆地植物才特有的核心基因簇，其细胞壁的结构也更接近于陆地植物。这表明为适应陆生生活，它已做好了遗传物质准备。因此，它也是陆地绿色植物的祖先的候选者。

　　在贵州台江距今约 5.2 亿年的早 - 中寒武世地层凯里组中，曾发现了类似藓类的植物化

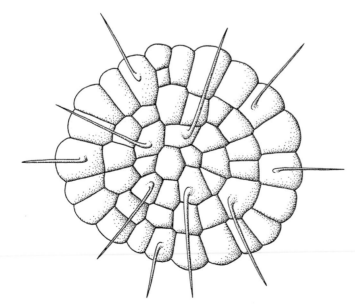

图 3-1　具刚毛的鞘毛藻的线条图
（引自 Taylor, 1988）

石——中华拟真藓（*Parafunaria sinensis*）。标本有 2 厘米长，有 4～5 枚叶子密集围绕一个短轴着生，显示了藓类植物的叶状体轮生现象、孢朔柄和根系特征（杨瑞东等，2004），这是非常重要的发现，须进一步证实。总的来说，早古生代有胚植物化石证据稀少（Wellman et al.，2003）。在中奥陶世（约 4.7 亿年前）至早志留世地层中发现的隐孢四分体和二分体孢子，意味着存在单倍体和减数分裂，提供了有胚植物的证据。自寒武纪至泥盆纪的地层中还曾发现一些奇怪的微体化石，有些似植物的表皮细胞，还有一些丝状体，最初被当作亲缘关系不定的生物，现被解释为苔类的下表皮，一些管状物现被解释为苔藓匍匐茎的组织。我们知道，明确的苔藓植物大化石只发现自晚古生代以后的地层中。但是，最古老的苔藓植物是什么样子？谁也不清楚。现代苔藓类植物总是能在一些很贫瘠的地方最先立足，并迅速蔓延。有人说，苔藓植物是最低级的高等植物，不过，科学家还是最喜欢把它称为植物向陆地进军的真正开路先锋。谱系分析强烈支持苔类植物是其他陆地植物的姐妹群，而角苔是维管植物的姐妹群（Qiu et al.，2006）。使用似然法对趋异时间的估算也认为苔类起源于晚奥陶世（Heinrichs et al.，2007）。生活在早泥盆世的古孢体（*Sporogonites exuberans*）是在形态上与苔藓植物相似的古老植物之一。标本最早发现于挪威，具有长约 5 厘米的柄，顶端着生一纺锤形的孢蒴，内含有三缝的孢子（图 3-2）。它的形态特征非常类似现生的苔藓植物孢子体。这些古孢体平行保存在岩石中，意味着它们可能来自一个共同的叶状体。晚志留至早泥盆世的帕克叶状体（*Park decipiens*）也是一种令人迷惑的植物。它呈卵形具微波状边缘的原植体形态。表面可见盘形的孢子囊，内有无射线的孢子。孢子壁的超微结构显示了现生苔类的特征。帕克叶状体被认为可能代表了向陆地迁徙的早期绿藻类鞘毛

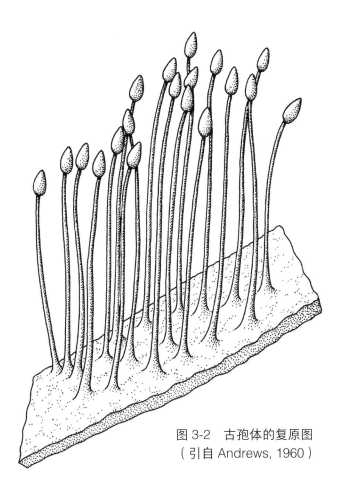

图 3-2　古孢体的复原图
（引自 Andrews, 1960）

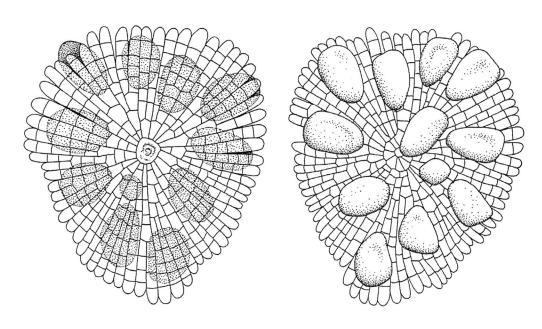

图 3-3 帕克叶状体的复原图
（引自 Taylor，1988）

藻（*Coleochaete*）的祖先类群（图 3-3）（Taylor et al., 2009）。

直到约 4.3 亿年前的志留纪早期，可和原始维管植物类比的分散、简单三缝孢子才多有发现。原蕨植物（也是原始的维管植物）出现了，它们可能是纤细、简单的孢子体植物。

从晚奥陶世开始，地球进入冰期，在南半球极区逐渐形成一个大陆冰盖，显生宙第一次出现最高一级的气候梯度，并致使全球海平面大幅度快速下降。到了志留纪初，随着冰盖的消融，全球气候变暖。潮坪和低地的扩展为植物登陆奠定了环境背景。画面展示的是冰期之后的地貌特征（"搓板"地形）。在临近河湖边缘靠海的方向的低地上，原蕨植物，即最古老的陆生维管植物出现了。

画作 5
陆地上最古老的
维管植物

古植物学界公认的最古老的维管植物是库克逊蕨（*Cooksonia*），发现于爱尔兰志留纪温洛克世晚期（约4.3亿年前）地层中。它的化石记录可延续至早泥盆世。最初的植物化石采自威尔士志留纪最晚期的地层中。标本由库克逊（I. C. Cookson）发现，她的老师兰（W. H. Lang）研究后，以学生的名字给这个重要的植物命名（图3-4）。在世界许多地点报道了晚志留世到早泥盆世的库克逊蕨，包括中国、加拿大、捷克、美国及巴西等地。

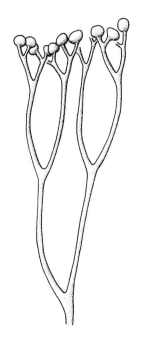

图 3-4　库克逊蕨的复原图
（引自 Edwards, 1970）

（二）晚古生代，蕨类植物发展时代

距今4.19亿~2.52亿年的晚古生代（包括泥盆纪、石炭纪和二叠纪），是蕨类植物发展的时代。

志留纪（维管植物登上陆地的时期）至早泥盆世是地球历史中陆地景观改变的一个关键时期（郝守刚等，2000）。早泥盆世原蕨植物（早期陆生维管植物）谱系爆发式辐射演化，直至中泥盆世。这个时期是原蕨植物发展繁荣的时期（Schweitzer, 1990）。它们身材矮小，结构简单，但营养和生殖器官强烈演化分异，蕨类植物的主要谱系已经发生。到了中泥盆世后期形成了地球最早的森林。石炭 - 二叠纪地壳运动相对强烈，著名的联合大陆（Pangea）形成发生在后期，导致了环境和地理格局及气候的强烈分异。自石炭纪起，由于板块所处的纬度以及气候分带的影响，地球上的植被逐渐产生了分化，到二叠纪时形成了四个植物区系：安加拉植物群在亚洲北部，处在温带，具明显的季节性气候；在低纬度及赤道附近是热带的植物区，欧美植物群占据欧洲和北美大部地区；发育在亚洲东部的是华夏植物群；南半球的澳大利亚、非洲、南美洲及南亚地区，当时是连在一起的整块大陆，气温较低，有季节性的温度和湿度变化，生活着冈瓦纳植物群（李星学等，1981）。

Chapter 3　Further reading: the plant landscapes in geological history

泥盆纪

我们的地球每时每刻都在发生着变化。地球表层的大气圈、水圈、生物圈以及地壳之下熔融的地幔一直都在运动变化着。晚古生代开始（早泥盆世）时的北半球为广阔的大洋所覆盖，而超大陆主要位于赤道附近及南半球。当时主要的陆块包括劳伦古陆（现为北美洲）、南方的冈瓦纳古陆（包括南美洲、南极洲、非洲、澳大利亚及印度等），许多较小的地块围绕在冈瓦纳大陆的周缘，包括中国的华北、华南和塔里木等块体（注意华北、华南以及塔里木块体的位置，代表了 Boucot et al., 2009 的观点）。在古地理格局上，早泥盆世华南板块紧邻冈瓦纳大陆，接近澳大利亚。基于属种的一致性，Hao 和 Gensel（1998）也曾提出了"早泥盆世东北冈瓦纳古植物地理区"的概念，包括华南、澳大利亚等。

不同地史时期的陆块和大洋的分布格局、所处的地理纬度是不同的。伴随着生命的起源与演化，生物的地理隔离与融合，形成了陆地动植物的地理分区。这里展示的是地球晚古生代早期（大约 4.16 亿年前）的海陆分布（Boucot et al., 2009）。如果你站在月球上就会看到一个蔚蓝色的星球，那就是我们生活的地球。

云南曲靖是我国非海相早泥盆世地层及原蕨植物研究的经典地区。许多学者都对这个地区的植物化石做了相关的研究。早泥盆世的徐家冲组地层不仅含有植物化石，还有双壳类和鱼类化石。

徐家冲组的沉积应是岸后湖泊沉积，有些是边滩和心滩的沉积（刘振锋等，2004）。气候炎热干燥，蒸发

画作 6
变化着的地球，
晚古生代开始时
的海陆分布

画作 7
早泥盆世滇东北
河漫滩景观

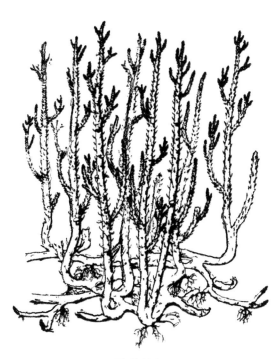

图 3-5　镰蕨的复原图
（引自 Schweitzer, 1980）

量大，发育赤铁矿结核，氧化泥岩多为紫红色。曲流河沉积在泥盆纪已经出现（Xue et al., 2016）。原始的蕨类植物生长在天然堤和河流泛滥平原上，这里也是植物化石保存和埋藏的主要地区。前石松植物镰蕨（Drepanophycus）匍匐茎和根茎部分的无性"克隆"生长的结构也促进了最早土壤的形成。

徐家冲组地层中发现的古植物化石已经超过十种（Wang et al., 2002），主要由镰蕨（Drepanophycus）和工蕨类（zosterophylls）组成。生活在漫滩和岸堤上的镰蕨植物是北半球早泥盆世地层中常见的植物。它也是徐家冲组地层中的优势植物，发现超过 10 层之多。镰蕨自匍匐的根茎向上生出直立的气生茎，茎宽 3 厘米左右，它有纤细的星状中柱，木质部为外始式的发生顺序，具有刺状突起的小叶，单个孢子囊侧生（图 3-5）。

成簇生长在岸边的工蕨（Zosterophyllum）是早期维管植物的一个非常重要的类群。它属种众多，分布广泛。这种矮小的草本植物身高依种而异，一般在 20 厘米左右，茎轴分匍匐轴和直立轴。匍匐轴分叉密集，连续多次宽角度等二分叉，可形成典型的 K 形或 H 形的分枝结构。这些茎轴互相盘绕穿插，向上长出气生的能育轴。茎轴的解剖结构显示出外始式的原生木质部发生顺序。横向开裂的孢子囊圆形至横椭圆形，侧生于茎轴上，具柄或无柄，散生或聚集成穗（图 3-6）。云南工蕨（Zosterophyllum yunnanicum）是中国最早发现和研究的工蕨类，茎轴纤细，其孢子囊圆至椭圆形，直径约 3 毫米，具柄并聚集成松散的穗。另外，还有徐氏蕨（Hsüa）、先骕蕨（Huia）及广南蕨（Guangnania）等。徐氏蕨粗壮的匍匐轴在心滩上蔓延，侧枝互生并多次二分叉，顶生肾形孢子囊（图 3-7）。先骕蕨的匍匐轴也可连续多次宽角度分叉，形成 K 形或 H 形的分枝。生殖枝长有松散的孢子囊穗。长卵形的孢子囊在长柄的顶端回弯（图 3-8）。

徐家冲组植物群还包括一些有趣的植物。苞片蕨（Bracteophyton）粗壮的茎轴多次等二

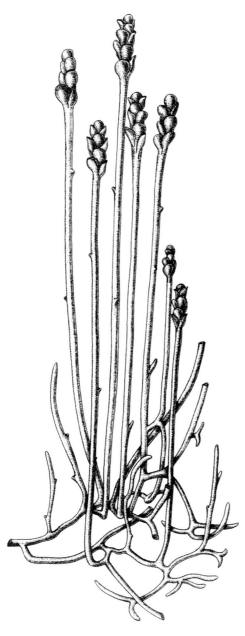

图 3-6　一种工蕨的复原图
（引自 Hao et al., 2007）

叉分枝，具顶生的穗状生殖结构，孢子囊具有苞片。亨氏蕨（*Hedeia*）是一种纤细的植物，推测身高只有 10 厘米左右，顶部着生有倒伞形的生殖结构，纺锤形孢子囊着生在生殖结构的近轴面上。

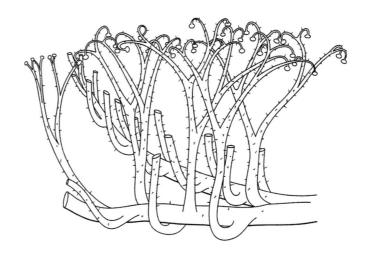

图 3-7　回弯徐氏蕨（*Hsüa deflexa*）的复原图
（引自 Wang D M et al., 2003）

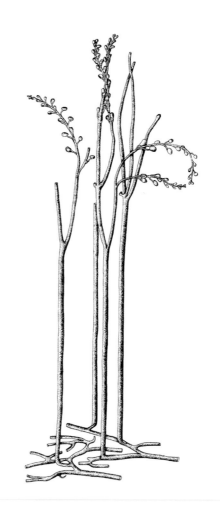

图 3-8　纤细先骕蕨（*Huia gracilis*）的复原图
（引自 Wang and Hao, 2001）

画作 8
早泥盆世滇东南
岸边漫滩上的景
观：漫滩上的原
始蕨类

画作 9
早泥盆世滇东南
岸边漫滩上的景
观：潟湖岸边

在早泥盆世的坡松冲组出露的地层剖面中，以滇东南文山纸厂剖面最为著名。早泥盆世华南板块处于古赤道及低纬度地区，气候温暖湿润。这里的坡松冲组下部为灰色、灰黄色粗粒和细粒砂岩，上部则是由黑色页岩、泥岩、泥质粉砂岩所组成。这套地层沉积在早古生代的不整合面上。长时间的风化剥蚀造成了显著的地形差异，产生了多样化的生境。随着早泥盆世海侵的扩大，海平面的上升，沉积了以陆源碎屑为主的河流泛滥平原和潟湖相的沉积。

坡松冲组生物群（Hao and Xue, 2013）不仅产有丰富的植物，还有动物，包括特有的、地方色彩非常浓厚的无颌鱼类（盖志琨、朱敏，2017）华南鱼（*Huananaspis*）和文山鱼（*Wenshanaspis*）等。它们多生活在泥沙质，并与外海之间有一定障壁间隔的滨海环境，如潟湖或三角洲。另外，还有节肢动物板足鲎（*Eurypterus*）和无绞腕足动物海豆芽（*Lingula*）。

坡松冲植物群包括 28 属 37 种植物（画面只选择了具代表性的几种植物），大多生活在水边。掌裂蕨（*Catenalis*）是一种水生或半水生的细小植物，具等二叉分枝，轴的顶端着生有水平分叉的扇形生殖结构。生殖结构由生殖小枝所组成，每一个上面着生有一列孢子囊。孢子囊微小，椭圆形，仅 1.5 毫米长，扁平，具有明显的背腹性。这被认为有利于孢子在水中散布。多枝蕨（*Ramoferis*）也被认为是水生或季节性水生的蕨类植物。带蕨型（*Daniocrada*-type）的茎轴多次等二叉分枝，分叉后的后续轴平行延伸。颇大的孢子囊呈卵形，以一个细长的囊柄聚集成穗。根据这样的形态结构特征，推测其孢子散布需要水环境的支持。有趣的是多枝蕨具有维管束组织（一般认为该组织是适于气生环境的输水结构），因此，它的水生习性该如何解释？这有待我们去进一步认识。

工蕨类（zosterophylls）是坡松冲植物群中的主要类群，也是世界各地同期植物群中常见的占优势的植物类群。在这里发现了多种工蕨类，代表了不同的类群和生境，包括沃瑞蕨（*Oricilla*）、古木蕨（*Gumuia*）和盘囊蕨（*Discalis*）。另外在画面中还显示了被认为是工蕨植物独立生活的配子体植物伞植体（*Sciadophyton*）。沃瑞蕨纤细的茎轴等二分叉，孢子囊通过短柄成列着生在茎轴的两侧，对生或互生。有趣的是囊柄都向轴的一侧回弯，整个植物形成了明显的背腹性特征。这可能是有助于孢子囊获取阳光及孢子散布，针对滩涂环境的一种适应结构。古木蕨具匍匐轴，能育轴矮小，椭圆形孢子囊顶生或侧生在能育轴上（图3-9）。多株聚集或单株散布在水边湿地或滩涂上。盘囊蕨是一种小型的草本工蕨植物，约20到30厘米高。具有由K形或H形密集分枝组成的匍匐轴，由此向上长出营养轴和生殖轴，直立或者匍匐。具柄的孢子囊聚集或散生于生殖轴上；营养轴顶端拳卷，植物体布满刺状突起（图3-10）。

属于真叶植物的裸蕨（*Psilophyton*）是这一地质时期占优势的植物类群。它通常具明显的主茎轴，其中含有相对粗壮的维管束，表明它的输导能力已大大加强。它的侧枝多次分叉，三维展开，一些是能进行光合作用的营养枝形成的"枝叶复合体"，另外一些则在顶端簇生成对的纺锤形孢子囊，纵向开裂。茎轴解剖揭示了心始式的原生木质部发生顺序（图3-11）。少囊蕨（*Pauthecophyton*）茎轴纤细，生长枝顶端簇生2～4个纺锤形孢子囊。在坡松冲植物群中还发现有相当一批形态迥异的植物，它们具有不同寻常的，进化的营养和生殖器官组合。始叶蕨（*Eophyllophyton*）和抱囊蕨（*Celatheca*）是最具特色的地方性真叶植物。始叶蕨是目前已知的最原始的具"叶"植物，直立、

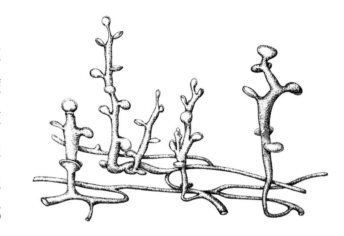

图 3-9　古木蕨的复原图
（引自郝守刚，1989）

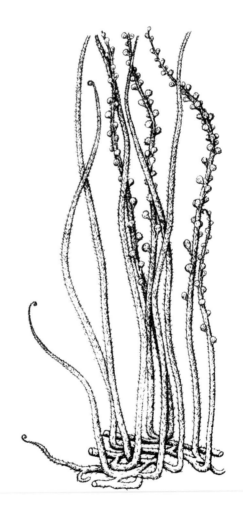

图 3-10　盘囊蕨的复原图
（引自 Hao, 1989）

图 3-11　一种裸蕨的复原图
（引自 Andrews et al., 1968 ）

图 3-12　始叶蕨的复原图
（引自 Hao and Beck, 1993 ）

矮小，仅 40 余厘米高。它三维生长，二叉分枝或假单轴分枝，具心始式原生木质部发生顺序。叶子片化、细小，仅 5～6 毫米大小，二分叉，叶的解剖结构缺少海绵组织和栅栏组织，显示了原始的特征。孢子囊着生在二分叉的孢子叶的内侧，形成一种孢子叶球状的形态（图 3-12 ）。抱囊蕨是植物群中一个非常独特，相对粗壮、高大的植物，茎轴可达 5 毫米宽，不等二叉分枝或假单轴分枝，推测植株生活时高可达 1 米以上。侧枝经过多次分叉，形成营养的"枝叶复合体"和生殖枝。生殖枝顶端着生着生殖结构。每个生殖结构经连续两次分叉后着生被叶性结构包被的四个孢子囊，显示了聚合囊的结构。它出现于早泥盆世这个时代，令人非常惊奇。

早泥盆世大气的 CO_2 浓度比现时高 10～20 倍，坡松冲原蕨植物群生活在近海的滩涂的环境，未饱和的、低竞争的滨岸水生或陆生生境中。

中泥盆世晚期华南植物化石丰富并且具有广泛的地理分布。相关的地层包括滇东曲靖西冲组、海口组，湘鄂云台观组和湖南跳马涧组。代表地层是西冲组，它是一套海陆交互相沉积，底部为海相的白云岩，向上为陆源的碎屑岩沉积，主要由黄色、灰黄色的细粒石英砂岩、粉砂岩及砂质泥岩所组成。

画作 10
中泥盆世晚期华南湿地景观

西冲植物群中的石松类包括：草本的原始鳞木类（Protolepidophyte）（图 3-13）的小木（*Minarodendron*）、草本异孢的玉光蕨（*Yuguangia*）及小乔木的长穗蕨（*Longostachys*）等。小木的叶子顶端三分叉，具外始式的原生中柱。玉光蕨是一种纤细的草本石松类，匍匐或直立生长，二叉分枝，具有外始式的木质部发生顺序。营养叶在轴上呈假轮状排列，双性孢子叶球着生在生殖轴的顶端，具叶舌。发现于湖南澧县云台观组的长穗蕨（*Longostachys*）是难得的保存非常完整的石松类植物（Cai and Chen，1996）。植物化石不仅保存了主根系、主干、各级分枝和生殖器官，也保存了解剖结构。植物体复原后高约 1.5 米，茎轴为外始式的原生中柱至管状中柱，并具有混合髓和次生木质部。孢子叶组成顶生叶球，异孢。长穗蕨被认为是一种进化的早期鳞木目石松植物。这表明在中泥盆世后期，乔木状异孢的石松类已经出现（图 3-14）。

在西冲植物群里，还有裸蕨，原始真蕨类枝蕨纲植物扇列蕨（*Rhipidophyton*）、原蕨（*Protopteridophyton*）及始枝蕨（*Eocladoxylon*）。枝蕨纲是这个时期一种很重

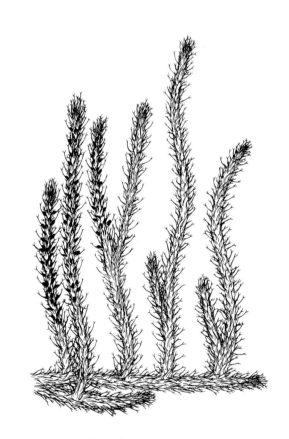

图 3-13　原始鳞木（*Protolepidodendron*）的复原图（引自 Kräusel and Weyland，1932）

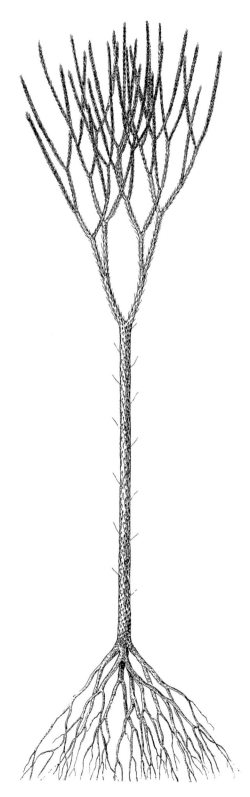

图 3-14　长穗蕨的复原图
（引自 Cai and Chen, 1996）

要的真蕨植物类群。它的孢子囊顶生，茎轴的横切面显示出多个辐射伸展的木质部裂片组成星芒状的编织中柱，具原生木质部腔隙。扇列蕨在西冲植物群中是一个很显眼的植物。它呈小树状，茎轴粗壮。营养侧枝密集着生在茎轴的顶端。侧枝长可达 20 厘米，多次分叉，最终形成回弯的营养裂片。生殖枝不分叉，生殖突起在轴上呈螺旋排列。每一个突起在轴上及轴的两侧着生有成对的卵形孢子囊。产自湘鄂西的中 - 上泥盆统的原蕨（Li and Hsü, 1987），植物体矮小，营养茎轴直立，三级羽状分枝，末级枝二叉分枝 5 到 6 次，形成顶端裂片（图 3-15）。孢子囊细长，呈镰刀形，成对或四个一簇顶生。茎轴解剖结构为多肋的原生中柱。始枝蕨有三级分枝，营养枝为二级的羽状分枝式样。多分叉、深裂、片化的楔形突起（早期的叶子）互生在三级枝上。成对的相似的突起着生在分枝的基部（图 3-16）。生殖枝由二分叉的枝系统和互生在其上的成对的纺锤形孢子囊组成。Berry 和 Wang（2006）认为，这种植物可能具有更粗壮的茎轴。扇列蕨和长穗蕨有可能共同组成了华南最早的小树林，林中下层为草本的原始鳞木及草本真蕨类。在北美中泥盆世也报道了最早的森林湿地，其中枝蕨纲植物（*Eospermatopteris*）茎轴粗壮，可达 8 米高（Taylor et al., 2009）。

画面中有一轮大大的月亮。地球 - 月球系统中存在的潮汐作用导致的潮汐能耗散使得月球轨道持续衰减，这意味着在地质历史中地球和月球的距离越来越远。现在地月之间的距离为 38.44 万千米。地球物理学家给出了轨道衰减速率公式，推测在古生代，在地球上所见的月球视面积显然要比现在大许多。

图 3-15　泥盆原蕨（*Protopteridophyton devonicum*）的
复原图（引自 Li and Hsü, 1987）

图 3-16　始枝蕨营养枝的复原图
（引自 Berry and Wang, 2006）

　　华南晚泥盆世晚期地层代表是：江苏、浙江、安徽的五通组和湖北的梯子口组、写经寺组。以安徽巢湖五通组为例，该套地层为海陆交互相沉积，自下而上包括擂鼓台段的粉砂质泥岩加页岩和观山段的石英砂岩。

　　在树林边缘的湖岸旁，一只鱼石螈（*Ichthyostega*）正蹒跚地向岸上爬行。鱼石螈类属迷齿亚纲，是原始的四足动物。迷齿，即牙齿中的珐琅质深入到齿质中，形成复杂的迷宫状构造。它们头骨外具有耳凹，头多低平，四肢具趾。这一类群是陆地四足动物的前驱，它们演化成为适应陆生生活的羊膜动物，也就是爬行类、鸟类及哺乳类（王原、董丽萍，2009）。

　　森林一个重要的分子是前裸子植物古羊齿（*Archaeopteris*）。它的研究历程很有趣，反映了古植物研究中对化石植物的认识

画作 11
晚泥盆世晚期华南蕨类植物森林

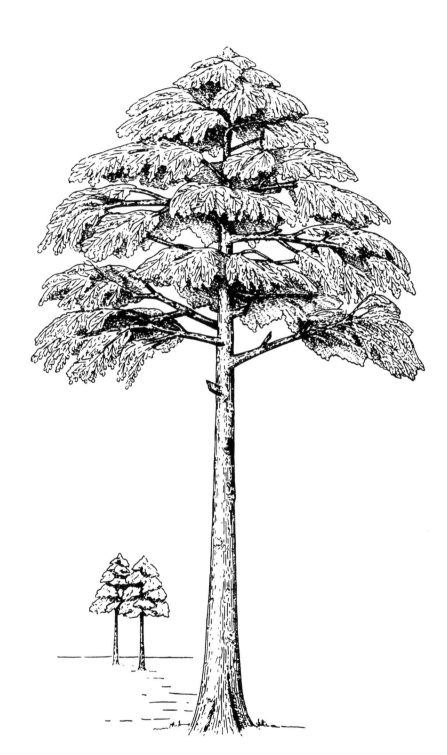

图 3-17　马西琳达古羊齿的复原图
（引自 Beck, 1962）

过程。古羊齿原本是蕨型叶子的形态属，为二次羽状复叶，营养小羽片扁平，扇形脉；生殖小羽片上具有两列着生的孢子囊。另外，在晚泥盆世同期的层位中也发现了一种茎干化石，这一解剖结构形态属化石被称为美木（*Callyxylon*）。其解剖结构是真中柱、具髓和次生木质部，中始式的初生木质部发生顺序，次生木质部管胞壁上具有裸子植物解剖结构常见的具缘纹孔对。具有这种解剖结构的化石历来都被归入裸子植物松柏纲。古羊齿叶子的形态属和美木茎干的形态属的亲缘关系一直未能确定，直到 1962 年，美国学者 Beck 教授在纽约州晚泥盆世的地层中采集了一块长达 80 多厘米的标本。标本显示了古羊齿的蕨型叶子着生在具有裸子植物解剖结构特征的木材形态属美木的茎干之上。这就证明了这两个器官属（叶片和木材的形态属）同属于一种植物。根据命名的优先率，它被称作古羊齿。由此，古羊齿的属名（*Archaeopteris*）也成了自然属名。古羊齿就成了前裸子植物类群的代表。经详细研究后人们现在知道，它是一种具有华冠的高大乔木（图 3-17），高约 25～35 米，直径可达 1.6 米，单轴分枝上部有三维的分枝系统。人们认为它是一种异孢植物，有可能与早期的种子性状起源有关。古羊齿也是全球晚泥盆世植物群中的一个优势分子。广泛分布于北半球的欧美、俄罗斯、中国以及南半球的澳大利亚。古植物学家认为，"在植物界的演化中，古羊齿可能代表着那些被人们所猜想，但又缺乏证据的所谓的缺失的环节"（Beck, 1962）。

斜方薄皮木（*Leptophloeum rhombicum*）也是晚泥盆世植物群中的重要分子（Wang et al., 2005），属乔木状的石松类（图3-18）。它的树高达10～25米，整个植物体结构包括三个主要的部分——平铺的根座、主干和分枝。中柱结构原生木质部为外始式发生，具次生木质部。显示在茎干上最重要的特征是紧密螺旋排列的叶座。叶座通常宽大于高，呈斜方形的凸起，叶舌位于叶座顶端处。斜方薄皮木的营养叶为线形，生殖叶聚集成孢子叶球，着生在生殖枝的顶端。斜方薄皮木也是这个时代的代表性分子，广泛地分布在北半球及北美。另外，亚鳞木（*Sublepidodendron*）也是处处可见。草本石松的无锡蕨（*Wuxia*）呈簇状生长，主轴可达1.4厘米，估计高约1.6米。小型叶长可达数厘米，周缘具刺。这种植物具有双性孢子叶球。长有大孢子囊的叶球结构着生在分叉的部位。另外的小孢子叶球顶生（Berry et al., 2003）。草本的石松类还有宜兴念珠穗（*Monilistrobus yixingensis*）（图3-19），这也是一种纤细丛生的植物，匍匐或直立生长，高约40～50厘米，多次二叉分枝。显著的特征在于其似叶球的生殖带散布在营养区域内（Wang and Berry, 2003）。

　　早期草本真蕨的代表郝氏蕨（*Shougangia*）具有匍匐茎和直立茎，匍匐茎的一侧长有不定根，向上的茎轴和二级枝螺旋排列。三级枝上互生或对生片化的营养叶，营养叶裂瓣形，具散开的叶脉（Wang et al., 2015）（图3-20）。树型枝蕨纲在劳伦古陆上可延

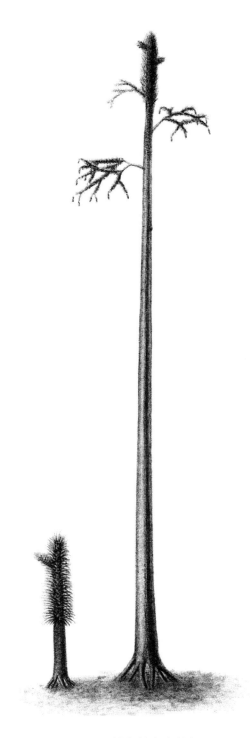

图 3-18　斜方薄皮木的复原图
（引自 Wang et al., 2005）

图 3-19 宜兴念珠穗部分生殖枝的复原图
（引自 Wang and Berry, 2003）

图 3-20 郝氏蕨的复原图
（引自 Wang et al., 2015）

续至早石炭世，但在华南晚泥盆世少有报道（Taylor et al., 2009），这有待于进一步的工作。

节蕨植物以钩蕨（*Hamatophyton*）为代表。这种植物广泛分布在我国的晚泥盆世地层中。植物茎轴宽不到1厘米，具有明显的节和节间，节部膨大，节间可长达数厘米。茎轴二叉分枝或假单轴分枝，叶轮生于节上，分叉1～2次。生殖枝上，孢子叶球顶生。它的中柱结构为裂瓣状的原生中柱，具外始式木质部发生顺序。李星学（1995）认为，它应归入节蕨植物中的楔叶目，作为一个独立的新科。龙潭楔叶（*Sphenophyllum lungtanense*）茎轴宽，基部明显膨大，节间长几厘米。叶子楔形，1～2厘米大小，每轮4到6枚，多数为扇形或楔形，具有基出的二分叉的叶脉。

图 3-21　松滋亚鳞木的复原图
（引自 Wang Q et al., 2003）

画作 12
松滋亚鳞木
的复原及个
体发育

基于对在鄂西所发现的标本的详细描述，研究者
（Wang Q et al., 2003）对松滋亚鳞木（*Sublepidodedron songziense*）做了整体复原（图 3-21）。

植物体茎轴直立，具塔状的树冠。复原图也代表了几个分散的器官属（图 3-22）。

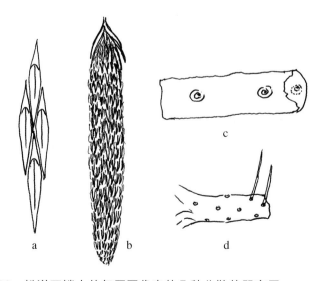

图 3-22　松滋亚鳞木的复原图代表的几种分散的器官属
a. 叶座器官属，亚鳞木（*Sublepidodendron*）；b. 生殖结构器官属，鳞孢穗（*Lepidostrobus*）；c. 茎干具两列排列的侧枝疤痕的器官属，疤木（*Ulodendron*）；d. 匍匐根器官属，根座（*Stigmaria*）

依据所发现的直径达 5 厘米的茎轴基部来推算，树高可能达到 6 米以上。考虑到晚古生代石松类迅速生长的机制，推测它的植株或可达 8 米高。基部为匍匐生长的根座，线形的小型叶着生在侧枝上。顶部推测可能是二分叉的，反映的是乔木状石松类有限的生长模式。松滋亚鳞木的生长模式属于"速生模式"（Wnuk, 1985）。它的主轴具有一个大型的管状中柱，由外始式的初生木质部、次生木质部及宽大的髓组成。在植物发育的阶段，外部有叶座，随着次生木质部和周皮的发育，在成熟的茎干的下部，皮层和叶座脱落，生长方式与现代的植物完全不同。它出现于晚泥盆世，代表了后续石炭 - 二叠纪进化的乔木状石松类的先驱。

石炭纪

画作 13
早石炭世华南河流与滨海三角洲景观

石炭纪时期，华北和华南板块都位于古赤道附近的低纬度地区。华南早石炭世的沉积以浙西的叶家塘群，苏、皖、鄂的高骊山组为代表，是一套海陆交互相的河流与滨海三角洲的聚煤沉积（吴秀元，1995）。

这个时期，植物繁盛。木本石松类自晚泥盆世以来，形态的多样性明显增加。石松类最常见的枝干化石是叶子脱落留下的形态属叶座和叶痕。不同的地质时期，叶座及叶痕的形态也各不相同。这里，早石炭时期的代表是高骊山鳞木（*Lepidodendron gaolishanense*），其叶座较小，为上下伸尖的小纺锤形（涉及鳞木的特征，后面还会详细介绍）。属于鳞木目的窝木（*Bothrodendron*，是和 *Lepidophloios* 相关的属），也是早石炭世植物群的重要组成分子。这种植物高可达 10 余米，顶部多次等二叉分枝。叶座在茎轴上稀疏地螺旋排列，不明显。舌状的小型叶狭长，可达 25 厘米，螺旋着生在营养轴上。它具有双性的孢子叶球，着生在主要分枝的两侧。在每个叶球中，小孢子叶在上部，大孢子叶在下部。石炭纪的乔木状石松高大挺拔（Batmen et al., 1992），形成了森林中的独特风景线（图 3-23）。

节蕨植物（也称楔叶植物）主要包括木贼目和楔叶目，它们的茎轴分节和节间，小叶轮生

Chapter 3　Further reading: the plant landscapes in geological history

在小枝上。楔叶（*Sphenophyllum*）为单轴式分枝，节间表面具纵脊。它的木质部结构为外始式的星状中柱。每轮叶的数量通常是三的倍数，最常见的是六枚。这种植物具有异形叶性。它是热带丛林中的下层植物。早石炭世的弱楔叶（*Sphenophyllum tenerrimum*），每个叶轮上着生6个、9个或12个分叉的线形的叶子。木贼目的芦木和古芦木（*Archeocalamites*）是乔木型的（见后述）。

真蕨植物在石炭纪发生了明显的多样性分异，它们是从晚泥盆世原始的枝蕨纲延续演化而来。石炭纪时期对叶蕨目、群囊蕨目和莲座蕨目有了很大的发展。分异反映在叶轴及蕨叶的形态属上，小羽片可以是栉羊齿或楔羊齿型。在这个时期，有些蕨形的叶子和裸子植物的种子蕨类有关。例如须羊齿（*Rhodeopteridium*），小羽片深裂，乃至形成线形的裂片，每个裂片内仅存一条叶脉。人们发现这类叶片着生在具有种子蕨植物皱羊齿类

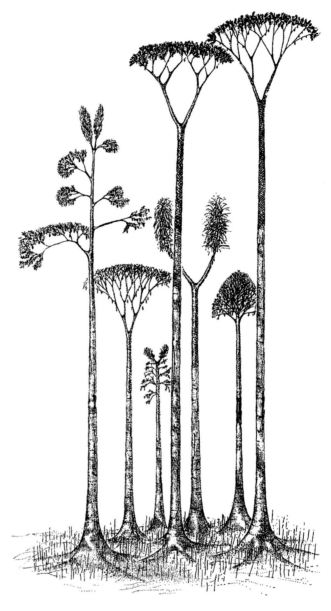

图 3-23　几种石炭纪树型鳞木的复原图
（引自 Bateman et al., 1992）

（lyginopterids）解剖结构的茎轴上。Stewart（1983）认为皱羊齿可能为藤本，茎轴几厘米粗，叶子具壳斗和二分叉的叶轴。脉羊齿类（*Neuropteris*）小羽片形态呈舌形，基部收缩成心形，以一点或部分附着于轴上，中脉至小羽片上部散开呈简单羽状或网状。偶脉羊齿（*Paripteris gigantea*）是脉羊齿型的小羽片类，学术界倾向于认为，这类叶片属于种子蕨髓木类（参见画作16，图3-33）。

画作 14
晒太阳的小蟑螂

晚石炭世华北为热带及亚热带的气候。晚石炭世中期，华北地块开始沉降，形成海陆交互相的潮坪泥炭沼泽、河湖相沉积，成为重要的聚煤时期。这一时期的代表组段为太原组。这些年来的研究表明晚石炭世植物组合与早二叠世早期的植物组合，相当多的分子是共同的。这是因为北半球在石炭 - 二叠纪时期，无明显的地壳活动，气候环境变化不大，植物界的发展以新类群属种为主，老分子绝灭缓慢，在石炭 - 二叠纪的界限上下具有共同的属种。

晚石炭世晚期的华北以特有的华夏植物群繁盛为特色（吴秀元，1995）。在低地泥炭沼泽森林中最引人注目的是木本石松鳞木和封印木类（DiMichele and Phillips，1994）。鳞木（*Lepidodendron*）高大挺拔，茎高可逾 38 米，直径可达 2 米，顶部多次等二叉分枝组成华盖状的树冠（图 3-24）。

图 3-24　鳞木的复原图
（引自 Basselt and Edwards, 1982）

鳞木的茎轴具外始式的管状中柱。它的基部是二歧分叉并呈低角度平展伸入地下的根座（*Stigmaria*），远端分出小根，脱落后留下根痕。鳞木不具有主根，因为不需要从深层的土壤中吸取水分，沼泽森林的浅层土壤中有充足的水分。叶子线形，为单一叶脉的小型叶，长可达1米。它的孢子囊着生在孢子叶的近轴面。这些孢子叶螺旋排列聚集成叶球。同一时期的封印木（*Sigillaria*）则有不同的形态，植物体高可达 20～30 米，它挺拔的树干不分枝或仅在顶部二歧分枝一次后，才长有叶子。叶痕明显，呈六角形或菱形，直接着生在周皮上，多呈直行排列。中柱为管状，髓腔大，原生木质部为外始式。它的孢子叶球着生于主轴或主侧枝的基部。鉴定鳞木类茎干化石属种的依据是茎轴上叶子脱落留下的叶座，它们密集而排列有序，形态规则恰似鱼鳞，叶座上叶子着生的痕迹为叶痕，另有组织结构的痕迹，如叶舌痕、维管束痕等（图3-25）。常见的鳞木有博茨须鳞木（*Lepidodendron posthumii*），它的叶痕为不等边的斜方形，叶舌穴明显，叶座的间隔带明显。另外很常见的是猫眼鳞木（*Lepidodendron oculus-felis*），这是一种形象的描述，它的叶座为斜方形至横菱形，叶痕大，呈宽略大于高的猫眼状，顶底角浑圆，两端角尖，常有侧延线，是华夏植物地理区特有的代表性分子。鳞皮木和鳞木类很相似，但分枝不同，叶座宽大于高。孢子叶球着生在较短的侧枝两端。

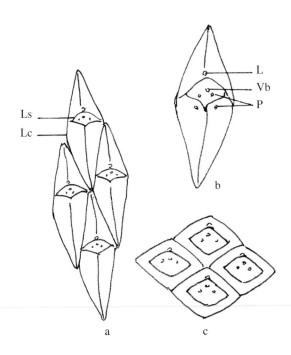

图 3-25　鳞木（a, b）和封印木（c）的叶座
Lc. 叶座；Ls. 叶痕；L. 叶舌痕；Vb. 维管束痕；
P. 通气道痕

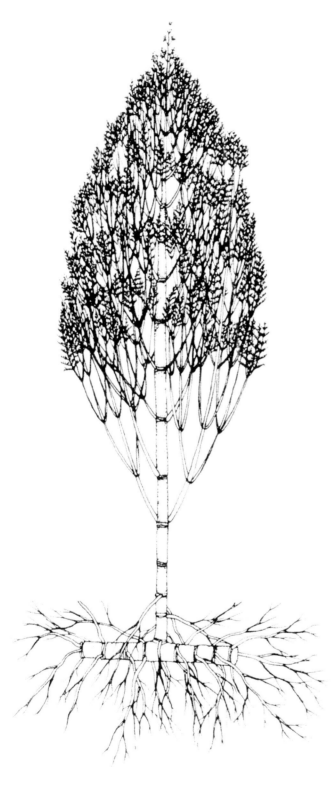

图 3-26 芦木的复原图
（引自 Bassett and Edwards, 1982）

节蕨植物中，木贼目的芦木也是石炭 - 二叠纪重要的造煤植物之一（李星学等，1981）。现在知道，芦木（*Calamites*）也是 10～30 米的高大乔木（图 3-26），具横卧的地下茎。在节部着生有不定根，向上长出直立的气生茎。茎为真中柱，原生木质部具外始式发生顺序，在次生木质部的内端有一圈表示原生木质部位置的脊管。芦木的化石通常是由芦木茎内的髓腔充填泥沙而形成的髓核。髓核表面具有纵肋和纵沟，是植物原生木质部和射髓在髓模上的反映。它们的排列是鉴定芦木类属种的主要依据。在节间的顶端有突起的节下管痕，这是一种通气孔道所留下的痕迹，它的形态和位置也是芦木类鉴定的依据之一。例如，细尖芦木（*Calamites cistii*）的主要特征为纵肋平窄，纵沟线状，两端渐尖，具有椭圆或长卵形的节下痕。芦木的叶子被称为轮叶（*Annularia*），鉴定的主要依据是叶子的形态，以及每一轮叶子的数目。例如星轮叶（*Annularia stellate*）的叶子呈倒披针形，最宽的位置在叶的 1/2 至 2/3 处，每一轮叶的数目较多。

丛林高层植物中除了鳞木，还有松柏植物科达（*Cordaites*）。它也是重要的造煤植物，是森林中的优势分子（后述，参见图 3-34）。

种子蕨的髓木目植物主要繁盛在晚石炭世，有些类型可以延续到二叠纪。依据古植物学家的研究，人们勾画出这类植物的主要特征。髓木（*Medullosa*）是一种树型种子蕨（图 3-27），植株最高可达 10 米，茎粗可达几十厘米。茎干的下部是周皮和不定根，叶

迹在较高处呈螺旋排列，最上端是二次羽状复叶的蕨型叶子散开生长，叶轴二分叉。茎的结构
为多裂片组成的单体中柱结构。它们的种子（即胚珠）着生在蕨型的叶子上。与髓木目相关的
小羽片类型有脉羊齿（*Neuropteris*）及畸羊齿（*Mariopteris*）等（参见图 3-33）。

图 3-27　髓木的复原图
（引自 Stewart, 1983）

二叠纪

画作 15
石炭 - 二叠纪泥
炭沼泽森林

这是一幅石炭 - 二叠纪泥炭沼泽森林的概念画（没有特定的地层组段为依据），展示了形成煤的远古森林的面貌，包括植物组成及环境，用以解释煤是如何形成的。

晚石炭世至早二叠世，沿着低纬度的热带 - 亚热带地区，有宽广无垠的低地和泥炭沼泽（Greb et al., 2006）。广袤的植物生长在地形平坦且辽阔的滨海沼泽环境中，森林茂盛，丛莽密布，到处是残枝败叶。高大的石松、芦木及科达都是造煤植物（Bassett and Edwards, 1982），它们都有着巨大的体量。莲座蕨目的辉木（*Psaronius*）是这个时期真蕨植物的代表。它为小树型植物，高可达 10 米。大型的羽状复叶组成树冠生长在茎的顶端（图 3-28）。既然是真蕨植物，

图 3-28　辉木的复原图
（引自 Morgan, 1959）

它就是以孢子进行繁殖，在羽状复叶的远轴面上通常着生有聚合囊。蕉囊蕨（*Nemejcopteris*）属于对叶蕨目，具有成对伸出的羽状复叶，孢子囊具厚的环带（图3-29）。

节蕨植物楔叶（*Sphenophyllum*）是形体较小的木质藤本或草本植物，茎细长。它是热带丛林中的下层植物。它的生存和发展需要阳光，因此，一些叶子变异成钩状，有利于它攀援生长。它具有顶生孢子叶球（图3-30）。

得益于古植物学家长期的研究积累，对这个时代一些植物的生长模式也有了较清楚的认识。例如，这个时期的乔木状石松是"速生模式"，据推测，有的鳞木（例如 *Lepidodendron rimosum*）茎干可达45米高，每年可长2米或更多（Wnuk, 1985）。因此不难理解，为什

图 3-29　蕉囊蕨的复原图
（引自 Pšenička et al., 2021）

图 3-30　楔叶的复原图
（引自科利尔、托马斯，2002）

么石炭 - 二叠系的煤层是如此的丰厚。

当森林植物死亡并淹没在沼泽中以后，会淀积在地层中，形成巨厚的泥炭层，迅速持续地稳定沉降，伴随着植物体降解，充填，积累，水域变浅，森林再一次形成，泥炭层被上覆沉淀压紧成褐煤，如此重复形成煤层系列。在淀积的过程中，植物体的结构都被破坏掉了，很多漂亮的植物印痕或压型化石多保存在夹层的沉积碎屑岩层中。人们通过对现代热带雨林沉积物的观察，发现其植物体量达到 4 ～ 6 米厚时可形成一层约 0.5 米厚的煤层。泥炭转化为褐煤的过程，也是对泥炭进行精炼和提纯的过程，腐殖酸被逐渐从泥炭中过滤出来。随着地壳运动，煤层越来越深，压力和温度升高，褐煤中的水分被挤压出来，褐煤分子结构也发生了变化。煤化作用是一个不断地进行着的变化过程，褐煤逐渐转化为烟煤和无烟煤（Bassett and Edwards,

1982）。从开始到最后完成整个过程需要很长时间。

　　沼泽森林中的许多动物也令人惊异，在这热带的空旷地域不时能见到巨型节肢动物（Greb et al., 2006）。科学家们偶然在英国诺森伯兰郡的一个海滩上发现了迄今为止最大的巨型千足虫化石——节肋虫（*Arthropleura*），人们推测，它活着的时候身长约 2.7 米，跟一辆小型汽车的长度差不多，重量约 50 公斤。它被称为远古蜈蚣虫，是世界上最大的节肢动物。在石炭纪，许多生物体型都很大，例如翼展达到 72 厘米的巨脉古蜻蜓（*Meganeuropsis*）。人们相信这种巨型蜻蜓的翅膀可以摆动、弯曲和扭转。它们能捕食各种昆虫，甚至小型脊椎动物。人们这样解释它们的巨大体型：石炭纪时地球大气层中氧气的浓度高达 35%，比现在的 21% 要高得多。许多节肢动物通过遍布它们肌体中的微型气管直接吸收氧气，而不是通过血液间接吸收氧气，这种结构及高氧气浓度的大气促使昆虫向大个头方向进化。

　　华夏植物群和欧美植物群在石炭纪早 - 中期同属于热带植物区，到了晚石炭世后期和二叠纪产生了差异。二叠纪，欧美植物区气候转向干燥，植物种群发生了变化，而华夏植物区仍处于热带及亚热带气候环境中，热带植物群继续繁衍（沈光隆，1995）。

画作 16
早二叠世湖边的
异齿龙

　　在构造运动相对稳定的早二叠世早期，华北延续了石炭纪晚期的沉积，仍为海陆交替的潮坪沼泽、河湖相沉积，为重要含煤地层。地层以太原组上部、山西组及下石盒子组为代表（吴秀元，1995）。对中国内蒙古早二叠世乌达煤田沼泽森林的研究，揭示了石炭 - 二叠纪成煤沼泽森林的物种构成和森林面貌（Wang et al., 2021）。这里有高大的鳞木（*Lepidodendron*）和封印木（*Sigillaria*）（图 3-31），还有华夏植物群特有的瓢叶目，它们可能属于前裸子植物，包括齿叶（*Tingia*）和副齿叶（*Paratingia*）（图 3-32）（Wang et al., 2009a，2009b）。齿叶三维的叶子放射排列，不等形的小羽片长椭圆形，呈四行排列，有两列小叶和两列大叶。具双性孢子叶球，孢子叶组成盘形结构，叠覆围绕叶轴排列。属于真蕨类的辉木（*Psaronius*）和乔木状种子蕨，以及藤本的种子蕨穿插在林间，底层的则是草本真蕨类，另有苔藓附着在倒卧的树干之上。真蕨植物和种子蕨植物在地层中经常发现的，是它们的小羽片。经数十年的积累，古植物学家已经区分出了许多小羽片形态属。辉木的蕨型叶中，栉羊齿型（*Pecopteris*）小羽片多见。栉羊齿型的叶片形态在种

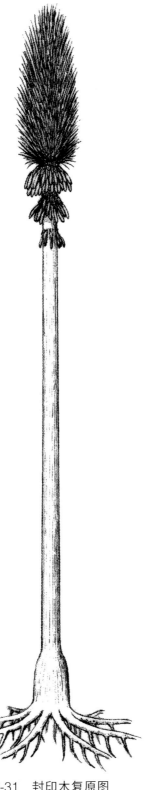

图 3-31　封印木复原图
（引自 Wang et al., 2009a）

图 3-32　武丹副齿叶复原图
（引自 Wang et al., 2009b）

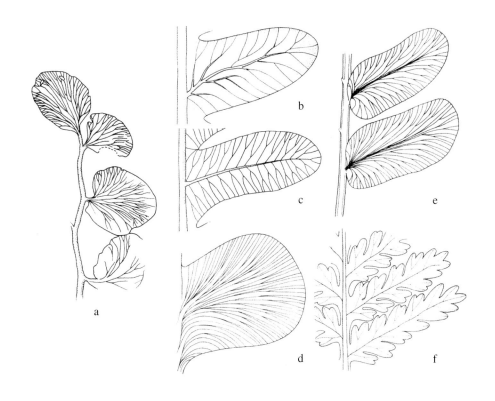

图 3-33　蕨型叶的小羽片类型
（引自 Taylor et al., 2009）
a. 铲羊齿（*Cardiopteridium*）型；
b. 栉羊齿（*Pecopteris*）型；
c. 座延羊齿（*Alethopteris*）型；
d. 齿羊齿（*Odontopteris*）型；
e. 脉羊齿（*Neuropteris*）型；
f. 楔羊齿（*Sphenopteris*）型

子蕨中也可出现，现在已经记录了有数百种之多。与种子蕨髓木目相关的小羽片多见脉羊齿（*Neuropteris*）型及座延羊齿（*Alethopteris*）型等（图 3-33）。单凭小羽片形态属是难以对植物自然属性进行归类的。

画中两只异齿龙（*Dimetrodon*）正通过湖边。异齿龙属肉食盘龙，生活于美国得克萨斯早二叠世，髓棘加长成棘刺，张以皮膜，扬起成帆，推测是为了接受阳光，调节体温。

中二叠世时期，华北代表地层包括下石盒子组上部及上石盒子组下部（沈光隆，1995）的河湖相碎屑沉积，以及河南南部小凤口组（杨关秀等，2006）的三角洲、分流间湾和河道沉积。

中二叠世晚期，植物群中鳞木（*Lepidodendron*）类衰退；科达类进入重要的发展时期；种子蕨植物中皱

画作 17
中二叠世豫南湿地景观

羊齿消失，髓木目衰退，而属于华夏区种子蕨的大羽羊齿类（gigantopterids）迅速繁荣。

科达（*Cordaites*）高可达 30 米，枝上螺旋着生线形和舌形的叶子。高耸的树冠和革质的叶子表明它们是喜光的。有的类型具垫状高位根，茎中央有发达的髓腔。其中的一类皮层中具发达的通气组织，木栓层和叶肉中发育有胞间隙或空腔。支撑根的存在，使其能在泥炭沼泽中不致倾倒。这表明它们对覆水、高盐度的海岸环境有明显的适应性。另一类科达根的结构中无通气组织，则可能生活在沼泽的边缘或高地上（图 3-34）。

这个时期的种子蕨还有许多分异的类型，例如髻籽羊齿（*Nystroemia reniformis*）（Wang and Pfefferkorn, 2010）（图 3-35）。

种子蕨类的长柄阔叶藤本型的大羽羊齿类是亚洲华夏植物区热带雨林中占优势的类群，也是华夏植物群的代表。大羽羊齿类（gigantopterids）具主根系，并且是浅根系，茎及葡匐茎上可长出不定根。它们的叶全缘或浅波状，具短尖或急尖，叶呈矩状披针形至阔卵形，具网状脉序。粗壮而呈直角伸出的长叶柄和具攀附的钩状器官等特征表明它们对热带雨林环境和为了获取更多阳光的适应（杨关秀等，2006）。栗叶蕨型单网羊齿（*Gigantonoclea hallei*）具蕨型羽状复叶，顶部为由五对羽片愈合形成的顶羽片，羽片长椭圆形，边缘具浅钝的锯齿。单叶单网羊齿（*Monogigantonoclea*）是一种藤本植物，单叶，具长而粗壮的叶柄，叶阔卵形，顶端急尖，基部平截或收缩成心形（图 3-36）。叶柄部具芽。细脉结成多角形的网眼。单网羊齿的雌雄生殖器官业已发现：胚珠卵形，着生在叶子的边缘；小孢子囊聚成复合囊着生在蕨叶近中脉的侧脉上。在

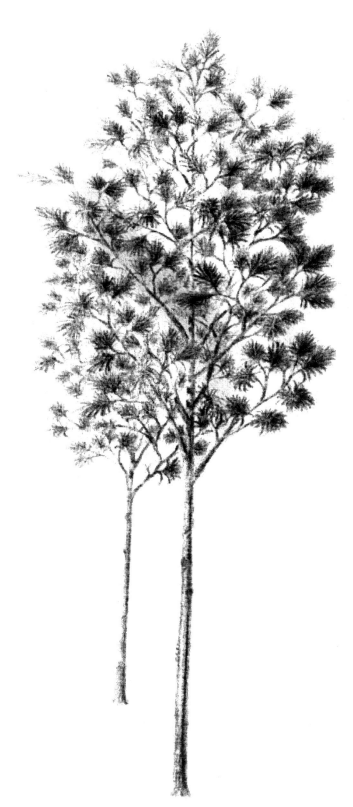

图 3-34　科达的复原图
（引自 Opluštil et al., 2021）

图 3-35　髻籽羊齿的部分复原图
（引自 Wang and Pfefferkorn, 2010）

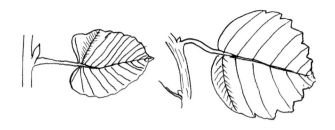

图 3-36　单叶单网羊齿叶子的 2 个种
（引自杨关秀等，2006）

这个时期的植物群中，还有瓢叶目植物齿叶（*Tingia*），瓢叶目主要生长在湿热的低地环境中。

二叠纪是苏铁植物始现并急剧辐射的时期，华夏苏铁（*Cathaysiocycas*）枝轴直立，营养叶稀疏螺旋排列于轴上，为带羊齿型（*Taeniopteris*）。叶全缘，披针形，基部狭，收缩成柄，中脉纤细，侧脉细而密。节蕨植物木贼目芦木的叶化石瓣轮叶（*Lobatannularia*）繁盛，它也是华夏植物群特有种。属于真蕨植物紫萁科的栉羊齿小羽片（*Pecopteris*）类型在晚二叠世也逐渐增多。

晚二叠世晚期长兴期沉积的黔西汪家寨组，是海陆交互相含煤沉积。煤层中含有大量的煤核（通常为钙锰质的结核，含有精细的植物解剖结构），这是在滨海泥炭沼泽环境下，植物体器官和残片被海水带入而保存下来的一种结构。

画作 18
晚二叠世末绝灭
事件时期黔西的
景观

晚二叠世晚期贵州水城汪家寨煤核植物群的研究（田宝霖、张连武，1980）反映出黔西植物群的特征。此时鳞木类衰退，但个别属种，例如猫眼鳞木（*Lepidodendron oculus-felis*）依然存在；芦木及轮叶、原始的松柏类鳞杉（*Ullmannia*）、苏铁及银杏类都有代表，后期科达绝迹。植物群中真蕨及攀援的种子蕨依然占优势，辉木（*Psaronius*）及古老的真蕨类植物在二叠纪中 - 后期仍有较多的出现，如厚囊蕨类的莲座蕨、薄囊蕨类的紫萁科（Osmundaceae）和里白科（Gleicheniaceae），它们都可具栉羊齿（*Pecopteris*）型及楔羊齿（*Sphenopteris*）型小羽片。大羽羊齿类依然繁盛，如单网羊齿（*Gigantonoclea*）。

二叠纪末（约 2.51 亿年前）发生了大绝灭事件。科学家推断，灾难的原因可能是地球内部地幔柱的活动导致了大规模的火山活动，西伯利亚玄武岩揭示的超大规模的火山喷发造成连锁反应：大气中 CO_2 迅速增加，产生温室效应，海水缺氧，水体成分发生剧烈变化导致生产者的灭绝，继而整个水生生态系统崩溃；96% 的陆地生物陆续消失，陆地上发生全球范围的森林大火，导致了全球性的生物危机。随后，地球进入了延续 500 万年的萧条期（沈树忠等，2009）。

（三）中生代，裸子植物发展时代

距今 2.52 亿～6600 万年的中生代包括三叠纪、侏罗纪和白垩纪。二叠纪末大绝灭事件是地球生命史上的一次巨大浩劫，陆地景观也遭受重创，繁盛于古生代的巨大的乔木状石松鳞木和节蕨芦木相继退出历史的舞台，种子蕨类也逐渐衰退。进入早三叠世，大气中 CO_2 含量增高，海水营养匮乏，陆地环境恶劣。地球正经历一个漫长的生物复苏期。

中生代帷幕拉开时，地球所展现的是一个联合古陆（Pangea）和海洋集中分布的古地理格局。印支运动（距今 2.57 亿～2.05 亿年）时期，联合古陆已经开始发生裂解。但在三叠纪末，古特提斯洋最终闭合，华南板块与已经拼合到欧亚板块之上的华北板块发生碰撞、拼合。

中国大陆的主体（华北板块、华南板块和塔里木板块）在此时期聚合在一起形成了中国大陆的框架。

　　三叠纪，大陆温度骤升，并转入干旱期，乃至出现了大面积的荒漠化，特别是在早三叠世。根本性的转化出现在三叠纪的中晚期，气候逐至温湿，形成了含煤沉积。在侏罗纪至白垩纪，中国大陆发生了被称为燕山运动的地质构造运动。至早白垩世，地壳活动剧烈，地形、气候分异明显。中国东部大致北纬38度以北，包括东北大部、甘肃北山、内蒙古西部等都属于西伯利亚-加拿大植物地理区。但是，此时的景观完全不同于古生代，进入了一个崭新的世纪，动物界是恐龙时代。在植物界，此时是裸子植物时代，松柏类和银杏类繁盛，还有苏铁类，组成了成片的森林（李星学等，1981；黄枝高、周惠琴，1980）。中生代以另一次绝灭事件（撞击事件）而结束，称霸一时的恐龙就此消亡。哺乳动物和被子植物登上了历史舞台。晚白垩世后期，被子植物已取代裸子植物，占据了陆地植被优势地位。

三叠纪

　　早三叠世的华北是一个继承性内陆盆地或山间盆地，形成干旱气候条件下的红层沉积。代表地层为新疆的韭菜园组（早三叠世早期）和山西等地的刘家沟组、和尚沟组（早三叠世晚期）的紫红色、灰紫色、灰色杂砂岩及页岩，主要为河流相沉积。韭菜园组中发现有早三叠世标志性的脊椎动物化石水龙兽（李锦玲，2020）。

画作 19
早三叠世华北
半干旱 - 干旱
的荒漠

　　在经历了二叠纪末大规模的绝灭事件之后，繁荣的蕨类植物正式退出了历史舞台，古生代繁盛的巨大的乔木状石松鳞木目已经绝灭，新兴的裸子植物时代拉开了序幕（孙革等，1995）。早三叠世继承了二叠纪末植物匮乏的特征，发现的植物化石很零星，所见多为旱生 - 半旱生植物。残存的木本石松植物只有肋木（*Pleuromeia*）（图3-37）。肋木在早 - 中三叠世曾全球分布，这是一种直立、不分枝的独特的小石松类（王自

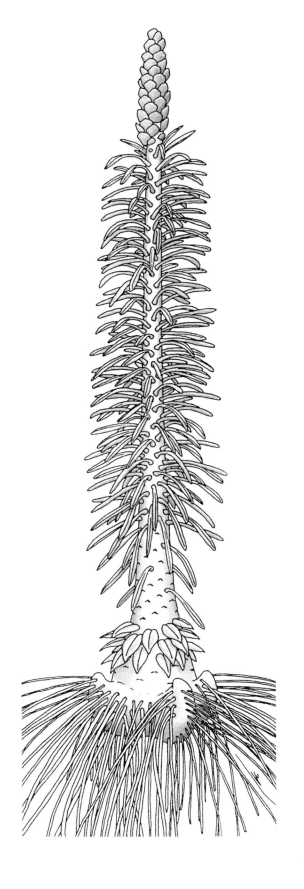

强、王立新，1990）。司氏肋木是较大者，高仅1～2米，茎粗10厘米，具锚状根托，上着细根。它的叶呈披针形，具叶舌，孢子叶球顶生，孢子叶肉质肥厚，显示了明显的旱生生态习性。它们多以稀疏单属群丛出现。另外还有小草本的拟水韭（*Isoetites*），如二马营拟水韭，仅几厘米高，地下为细根，地上为螺旋排列的叶和孢子叶。节蕨植物中新兴的木贼类及新芦木（*Neocalamites*）在荒漠的潮湿区域或水域边缘的绿洲上繁衍。松柏植物门的科达也已绝灭，新兴的古老松柏纲植物辐射发展。伏脂杉（*Voltzia*）就是其中之一，它们多为乔木，通常具螺旋排列、针形或细线形的叶子。它的生殖器官的形态显示出介于科达和现代松柏球果之间的过渡性状。种子蕨中，繁盛于冈瓦纳温带地理区的舌羊齿（*Glossopteris*）显现。真蕨植物栉羊齿型小羽片（*Pecopteris*）常见，随着气候的湿润变化，草本真蕨新类型不断涌现。

图 3-37　肋木的复原图
（引自 Taylor et al., 2009）

Chapter 3　Further reading: the plant landscapes in geological history

晚三叠世的华北代表地层为延长群上部，分布在河北、河南、青海、新疆及辽西，为灰色、灰绿色长石砂岩、页岩，上部含煤，属暖温带较湿润气候下的河流湖泊相沉积（孙革等，1995）。

画作20
晚三叠世华北暖
温带景观

植物群中裸子植物繁盛，松柏类包括南洋杉科（Araucariaceae）、掌鳞杉科（Cheirolepidiaceae）等古老的植物类别，还有开通目的鱼网叶（Sagenopteris）、种子蕨盔籽目（Corystospermales）等，同时银杏类（ginkgophytes）、苏铁类（cycadophytes）［包括篦羽叶（Ctenis）、侧羽叶（Pterophyllum）和异羽叶（Anomozamites）］繁盛（Taylor et al., 2009）（图3-38）。

现生的南洋杉为常绿乔木，高可达60米，具有宽广且展开的树冠。有报道南洋杉化石木材长可达56米，茎粗达3米（Ash, 2003）。掌鳞杉是已灭绝的松柏类，其特征是分枝在一个平面上。不同类型的带叶小枝被归入短叶杉（Brachyphyllum）、坚叶杉（Pagiophyllum）及柏型枝（Cupressinocladus）的形态枝叶属。银杏类出现在约2.7亿年前的早二叠世，到了晚三叠世开始蓬勃发展。大型节蕨类似木贼（Equisetites）生活在河湖边缘，其高可达数米，茎粗可达25厘米，具轮生的小枝及鞘状叶，孢子叶球着生在枝的顶端。真蕨类有丰富的厚囊蕨类莲座蕨目的植物，包括拟合囊蕨（Marattiopsis）、拟丹尼蕨（Danaeopsis）及贝尔瑙蕨（Bernoullia）（杨关秀，1994）。莲座蕨科植

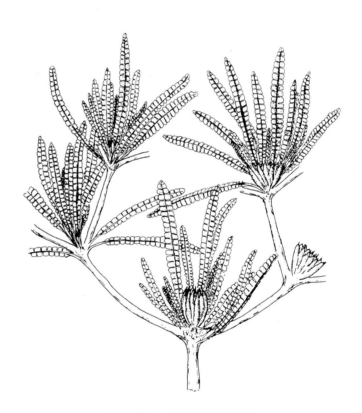

图3-38　异羽叶的复原图
（引自 Taylor et al., 2009）

物是优美的大型蕨类植物，高度可达5米。它们是以其肥厚的肉质根茎似观音菩萨的莲花宝座而得名。这种根茎富含淀粉，可能是植食性恐龙的食物来源之一。拟丹尼蕨是晚三叠世的标准

化石（图 3-39），它们具块茎或短茎及大型
羽状复叶，喜潮湿的环境，常在林下或溪边
生长。另外，还有丰富的紫萁科化石，包括
似托第蕨（Todites）和紫萁（Osmunda）。

二齿兽类（Dicynodonts）属异齿兽类，
结构独特，身体短宽，四肢粗壮，肩带巨
大，尾短，可能是食草动物。它们出现于二
叠纪，在三叠纪遍及全球，常见的如水龙兽
（Lystrosaurus），有的（例如 Placerias）可延伸至晚三叠世。这些陆生四足类动物原本生活
在同一片大陆上，现在它们的化石被发现于远隔重洋的大陆上，为大陆漂移说提供了可靠的证
据（李锦玲，2020；王原等，2019）。

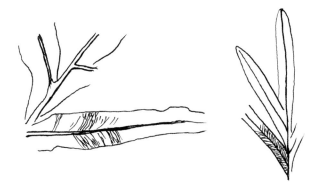

图 3-39 拟丹尼蕨的叶形和叶脉
（引自杨关秀，1994）

**画作 21
晚三叠世华南热
带 - 亚热带景观**

近海的热带 - 亚热带湿热气候下，形成了河湖相砂页
岩、泥岩的含煤沼泽沉积。代表地层为湘赣安源群、川北
须家河组、川南宝鼎和湖南衫桥的相关地层。此时华南主
要生活着热带 - 亚热带湿热植物群，泥炭沼泽森林茂盛，
是中生代主要成煤期（徐仁等，1979）。

晚三叠世华南泥炭沼泽植物群中，占统治地位
的是裸子植物。早期松柏纲的古老类型包括南洋杉科
（Araucariaceae）和掌鳞杉科（Cheirolepidiaceae），其不同类型的带叶小枝包括短叶杉
（Brachyphyllum）等叶型。曾发现短叶杉叶型和南洋杉生殖器官一起保存在地层岩石中。苏
铁杉（Podozamites）也属于松柏类。苏铁类包括苏铁和本内苏铁（可占植物群的 1/3）。常
绿的苏铁类可以是小树状，具有似蕨类的羽状叶片，雌雄异株。中生代的苏铁多为细枝型，经
表皮研究确定包括大网羽叶（Anthrophyopsis）、假篦羽叶（Pseudoctenis）及尼尔桑带羽叶
（Nilssoniopteris）。大网羽叶叶大，卵形至长卵形，全缘，中脉明显，侧脉分叉。篦羽叶（Ctenis）

Chapter 3　Further reading: the plant landscapes in geological history

或假篦羽叶（*Pseudoctenis*）叶型的植物复原是相对粗壮，直立茎轴的细苏铁（*Leptocycas*）
（图3-40）（Taylor et al., 2009）。本内苏铁雌雄同株，其羽叶有侧羽叶（*Pterophyllum*）（图3-41）
及叉羽叶（*Ptilozamites*）。可能属种子蕨的盔籽目（Taylor et al., 2009）常见，其叶单羽状，
轴粗，常二分叉。真蕨类双扇蕨科在晚三叠世鼎盛，早侏罗世之后很快衰退，现生的仅生
活在热带及亚热带。因此，其化石具有重要的地层及古气候的指示意义。其中的网叶蕨
（*Dictyophyllum*）（图3-42）和格子蕨（*Clathropteris*），以及马通蕨科的异脉蕨都是大型蕨类，
它们高可达数米。双扇蕨科在粗壮叶柄的顶端对称式分叉为两枝，各枝又在内侧（网叶蕨）或

图3-41　侧羽叶的复原图
（引自 Schweitzer and Kirchner, 2003）

图3-40　细苏铁的复原图
（引自 Delevoryas and Hope, 1971）

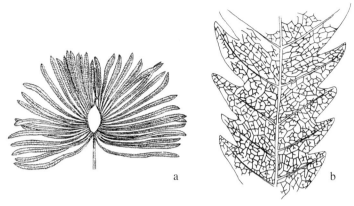

图 3-42　网叶蕨的叶子（引自杨关秀，1994）
a. 叶形；b. 叶脉

侏罗纪

外侧（格子蕨）排列了羽片。其他多样的真蕨类植物随着晚三叠世湿地面积的扩大，也开始了繁荣发展，如莲座蕨目、紫萁科、里白科等，它们多生长在林下和水体的边缘。在水边，一条副鳄（*Parasuchus*）正穿过湿地向水中爬去，它是晚三叠世的爬行动物，具有长的口鼻部及厚重的鳞甲（Guerrero and Frances, 2009）。

画作 22
侏罗纪印象：
水边的马门溪龙

画作 23
侏罗纪印象：
林中的拟粗榧及杉木

画作 24
侏罗纪印象：
中 - 晚侏罗世暖温带的森林

三叠纪末华南地块和华北地块拼合，海水西撤，留下一系列湖泊和低地。华北至西北的中侏罗世形成河湖相含煤沉积，属温带气候。代表地层为柴达木北缘饮马沟组和大煤沟组（李佩娟等，1988）、北京上窑坡组及龙门组（陈芬等，1984）、山东坊子组、豫西义马组，以及陕北延安组和直罗组（斯行健等，1963；黄枝高、周惠琴，1980）。晚侏罗世多见火山岩、沉积岩互层。

植物群中松柏类、银杏类丰富，为重要造煤植物，苏铁在植物群中占有一定比例，真蕨类蚌壳蕨科出现并繁盛（锥叶蕨 *Coniopteris* 叶类型繁多）（周志炎，1995）。松柏纲的伏脂杉目及松柏目的杉科（现在归到广义柏科）植物种类繁多，亚洲杉木（*Cunninghamia asiatica*）枝叶形态属是纵型枝（*Elatocladus*）。其叶为披针形，螺旋排列，后续研究发现其叶片表皮结构和现生的亚洲杉一致，因此归入这一自然属。由此，晚三叠世至早白垩世常见的纵型枝可视为杉科、红豆杉科等

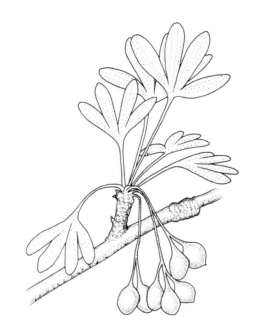

植物的枝叶形态属。拟粗榧（*Cephalotaxopsis*）也是纵型枝形态枝叶属，小枝及芽的形态和现生的三尖杉非常相似，现代的三尖杉高可达 20 多米，胸径可达 40 厘米。在晚侏罗世，还发现有松型枝（*Pityocladus*），这是松属（*Pinus*）小枝的形态属，其叶的形态属为松型叶（*Pityophyllum*），确定的松属化石出现在早白垩世。

银杏家族繁盛，种类繁多，是植被的重要组成部分（周志炎，1990）。义马银杏（*Ginkgo yimaensis*）（图 3-43）、准银杏（*Ginkgodium*）、拜拉（*Baiera*）为高大乔木。其他的银杏类，如茨康叶（*Czekanowskia*）及拟刺葵（*Phoenicopsis*）

图 3-43　义马银杏短枝上具柄的胚珠和深裂的叶片（引自 Zhou and Zhang, 1989）

植株的形态至今并不了解，亲缘关系可能并不和银杏接近。现生的银杏一般只有一个不具珠柄的胚珠，叶片浅裂或全缘。而早白垩世之前的银杏生殖器官为多个具柄胚珠，叶片深裂（周志炎，1990）。宾尼亚树（*Beania*）属苏铁类，顶端着生有尼尔桑（*Nilssonia*）型羽叶的树冠。威廉姆逊拟苏铁（*Williamsonia*）属本内苏铁类，植物体高 2 米左右，茎轴表面具有叶脱落后留下的叶基，顶端着生有毛羽叶（*Ptilophyllum*）型羽叶组成的树冠（图 3-44）。

蚌壳蕨科的成员通常体形高大，蚌壳蕨（*Dicksonia*）长有锥叶蕨（*Coniopteris*）型的蕨型叶。枝脉蕨（*Cladophlebis*）也是这个时期常见的蕨型叶（图 3-45）。蚌壳蕨和现在我国西南生存的树蕨桫椤（*Cyathea*）极为相像。似里白（*Gleichenites*）长有枝脉蕨型叶。紫萁科依然繁盛，类型多样，既有草本紫萁（*Osmunda*），又有小树状的似托第蕨（*Todites*）（图 3-46）。曾在辽西中侏罗统火山凝灰岩的地层中，发现有茎干直径达 10 厘米的紫萁化石。石松类仅有草本类型，木贼类多为茎干窄节间长的类型。

马门溪龙（*Mamenchisaurus*）属大型蜥脚类恐龙（董枝明，2009），体型巨大，脑袋小，脖子长。蜥脚类恐龙到底吃什么？这并不太容易确定，不同的恐龙喜欢吃的植物也不尽相同。

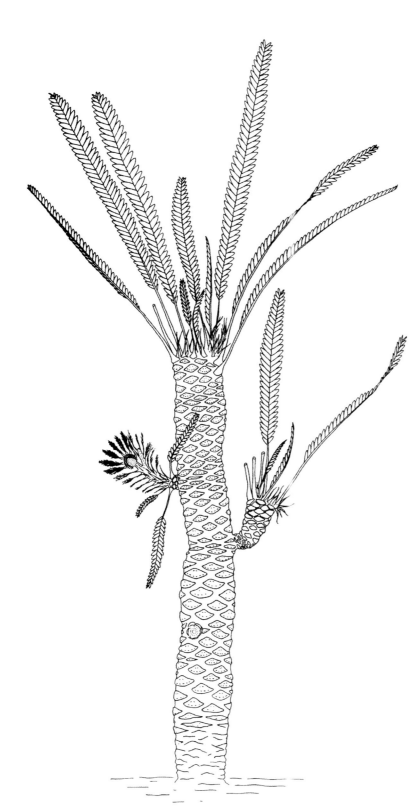

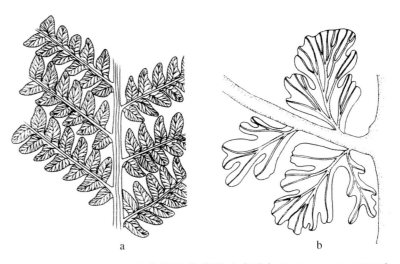

图 3-45 中生代常见的蕨型叶（引自 Taylor et al., 2009）
a. 枝脉蕨；b. 锥叶蕨

图 3-44 威廉姆逊拟苏铁的复原图
（引自 Andrews, 1961）

图 3-46 似托第蕨的复原图
（引自 Schweitzer, 1978）

通过分析其粪便中不易消化的植物组织碎片、花粉粒、植硅石，人们得知，蜥脚类恐龙并不挑食，松柏类、蕨类以及后期出现的被子植物都可以作为它们的食物。翼龙是会飞的爬行动物，它们伸展着长长的翼指，支撑着飞行翼膜翱翔在 1.6 亿年前的天空中（汪筱林等，2009）。悟空翼龙（*Wukongopterus*）其前两对前上颌骨牙齿突出于齿骨之外，颈椎加长，同时具有短的掌骨、长尾。

白垩纪

辽西早白垩世热河生物群（1.25 亿年前），是指主要产自辽西早白垩世，以东方叶肢介（*Eosestheria*）- 三尾拟蜉蝣（*Ephemeropsis trisetalis*）- 狼鳍鱼（*Lycoptera*）为代表的丰富的动物群和植物群。传统的热河群地层包括义县组、九佛堂组及其上覆的沙海组及阜新组。化石丰富的义县组主要是火山碎屑岩和湖相沉积。生物学家和地质学家根据化石对比和岩石的同位素年龄测定来确定地层的地质时代，热河生物群的时代属于早白垩世（张弥曼，2001；周忠和，2009）。

在早白垩世，这一区域植被繁茂，是重要的聚煤时期。热河生物群时期，辽西及周边地区淡水湖泊纵横，水域较宽且深，陆岛上植被发育，远处中基性火山熔岩喷发。

植物化石主要保存在义县组底部尖山沟层段中，现已发现近百种植物。植物群除了引人瞩目的被子植物外，是裸子植物松柏类占优势，还有银杏类、苏铁类及真蕨类。旱生特征的植物，如买麻藤类和喜热耐旱的本内苏铁类占较大的比例。对热河植物群木化石的研究表明，辽西地区

画作 25
"热河生物群"：最早的有花植物和具喙的鸟

画作 26
"热河生物群"：林边的尾羽龙和帝龙

画作 27
"热河生物群"：松杉林中的早期哺乳动物

早白垩世盛行温凉、湿润的季节性气候，硅化木具年轮（王永栋团队，Ding et al., 2016）。银杏类反映了季节性气候变化，还有喜湿的蕨类和苔藓类。这些特点反映出典型的季节性干旱或半干旱气候条件下，不同地域生境特征的不同植物类群。有的可能距河湖等水体较近（孙革等，2001），有的可能处在相对较远的干旱地区。

　　白垩纪是被子植物辐射发展的重要阶段。古植物学家为探索被子植物的起源和演化进行了孜孜不倦的工作，也产生了许多观点和假说。辽西早白垩世植物群的研究也为此做出了贡献。辽宁古果（*Archaefructus liaoningenus*）被誉为最古老的花，生殖枝长约85厘米，其上螺旋着生有豆荚状的蓇葖果，雄蕊成对着生在蓇葖果的下方，叶为小而扁平的复合叶。随后发现的中华古果（*Archaefructus sinensis*）和始花古果（*Archaefructus eoflora*）更加深了人们对古果属植物特征的认识。中华古果（图3-47）的蓇葖果更狭长，排列更紧密，每枚蓇葖果所含的种子也更多（8～12粒）。难能可贵的是始花古果（季强等，2004），它是展现在我们面前的一株近乎完整的植株化石。古果属目前被认为是最古老的花，我们可将古果属的特征概括如下：这是一类水生的小草本被子植物，是被子植物谱系当中的基干类群。它具细弱的茎枝，细而深裂的叶子，有点儿像现今水生的泽泻目的一些类群，其祖先类群可能为已绝灭的种子蕨类植物。白垩纪是被子植物大发展的时期，学者们在鸡西1.25亿年前早

图 3-47　中华古果的复原图
（引自 Sun et al., 2002）

白垩世地层中也发现了鸡西叶等早期被子植物的叶片化石，叶片较小，具羽状、网状脉，显示了被子植物叶片的早期分异。

　　辽西早白垩世的森林上层为高大、多样繁盛的松柏类，银杏类承袭了侏罗纪的面貌。众多的真蕨组成植被的中下层，沿低地分布。苏铁类则生活在相对开阔的地带（图3-48），水边生有矮小纤细的木贼。早白垩世松柏类出现了一些与现代相似的种，例如红杉是目前世界上最

图 3-48　拟苏铁（*Cycadeoidea*）（画面后者，叶为似查米亚 *Zamites*）和莫那萨苏铁（*Monanthesia*）的复原图（画面前者）（引自 Taylor et al., 2009）

高的植物，现生的高可超过 100 米，最早出现在晚侏罗世（Dilcher et al., 2004）。热河红杉（Sequoia jeholensis）（杨关秀，1994）具二型叶，条形，假两列排列，枝叶形态和现代红杉很相似。金钱松高可达 30 米，胸径可达 1.5 米，树冠塔形，带叶小枝有长短型之分，叶簇生，圆盘状，秋天染成灿烂的金黄色。在地层中发现了多种松柏类的枝叶及果鳞，包括黄杉型松型果鳞和枝叶。黄杉型松型果鳞是单独保存的，呈长卵形，基部收缩，全缘，基部着生两枚具翅的种子，这些特征与现代的十分接近。现生的中国黄杉分在中国西部地区。树高大约 20 米；小枝多毛，呈红褐色；小叶长几厘米，排列分布在一个平面上；球果长数厘米（凯芬逊，2008）。

真蕨植物繁盛，蚌壳蕨科极为丰富（邓胜徽、陈芬，2001），它们具锥叶蕨型（Coniopteris）小羽片，分异度极高。其中的刺蕨（Acanthopteris）是大型草本，为中国北方特有属，高达 1～2 米，组成草本植物群落。桫椤（Cyathea）为大型树蕨，高可达 20 米，茎干修长，顶端辐射出大型羽状复叶，优雅舒展，亭亭玉立。它被认为是恐龙时代植物的代表。但它何时在何地起源，学者们仍在探讨。蕨类植物中还有海金沙科的鲁福德蕨（Ruffordia），它繁盛于早白垩世。另有马通蕨科、紫萁科和里白科的分子。这些蕨类植物与现生的密切相关，其中一些就是现生类群的先驱，例如，具锥叶蕨（Coniopteris）型小羽片的蹄盖蕨（Athyrium）和鳞毛蕨。

热河生物群中，令人惊艳的是众多的早期鸟类化石（侯连海等，2000）。孔子鸟（Confuciusornis）产自辽宁北票四合屯，是德国始祖鸟之后的重要发现。它的头骨结构与小型兽脚类恐龙相近，但却长有一个喙嘴。这是世界上发现的最早的具喙的鸟。它的胸骨长有类似龙骨突的扁平凸起，翅膀上长有不对称的初级和次级飞羽，表明其具有较强的飞行能力。

在树林的边缘，有正在觅食的尾羽龙（Caudipteryx）和突然出现的帝龙（Dilong）。窃蛋龙类的尾羽龙火鸡般大小，体长约 1 米。它具有短且高的头，身体覆以短羽绒，尾部及前肢有对称的正羽，尾部具扇形排列的尾羽。它的胃部含有助消化的胃石，以植物及种籽为食（周忠和，2009；季强，2016）。帝龙是行动敏捷的肉食恐龙，属原始的暴龙类。它身体瘦长，体态轻盈，约 2 米长，尾长达体长的 1/2。前肢短，具 3 个爪指，后肢长，尾巴蓬松（徐星，2015）。

哺乳动物起源于晚三叠世，中生代是它们演化的重要时期（王元青，2009）。人们通常认为，这个时期，它们个体小，昼伏夜出，以昆虫或种粒为食。始祖兽（Eomaia）是哺乳动物中最早的真兽类代表。它体长约 14 厘米，上下牙每侧都有 3 枚臼齿，这是典型的真兽类的齿列。

但是，也有例外，热河生物群发现的巨爬兽（*Repenomamus giganticus*）改变了这一认识。这是已知中生代最大的哺乳动物，体长超过 1 米，头长达十余厘米，体重推测达十几公斤。它的犬齿硕壮尖利，下颚粗壮，咬肌窝深凹，表明它吞咬能力极强。

中国北方晚白垩世植物群主要分布在黑龙江嘉荫地区（孙革等，2016），此时形成河湖相沉积，具暖温带气候。植物群面貌和组成与早白垩世有明显区别。古老的裸子植物和蕨类消失，取而代之的是被子植物及现代的裸子植物类型。裸子植物中掌鳞杉科（Cheirolepidiaceae）趋于绝灭。掌鳞杉科作为古老的柏类植物，在早白垩世曾分布广泛，现在随着恐龙的离去也退出了历史舞台。

画作 28
小行星撞击地球

水杉（*Metasequoia*）常见，它是时常被我们引述的活化石。它的发现也是一段有趣的故事（后述）。另外还有银杏（*Ginkgo*）。植物群最显著的特征是被子植物占 80% 以上，多为喜暖的阔叶落叶树种，如木兰（*Magnolia*）、似昆兰树（*Trochodendroides*），还有草本的荚蒾（*Viburnum*）等。在这里也报道了原始的叶子——原叶（*Protophyllum*），但是其亲缘关系难以确定。植物群中还报道有草本的真蕨及木贼。

霸王龙（*Tyrannosaurus*，产自北美），体长 10 余米，前肢短小，后肢粗壮，头骨巨大，具尖锐的利齿。在东北晚白垩世曾发现同属霸王龙科的特暴龙（*Tarbosaurus*）（Guerrero and Frances，2009），是亚洲最大的食肉恐龙。翼龙曾是空中的霸主，其为了飞行，胸骨发达，前肢第四指骨长，支撑皮膜形成翅膀。

晚白垩世小行星撞击地球，伴随着这一灾难事件，地球环境发生改变，恐龙时代随之结束。这次事件导致了地球一半以上的动物和植物物种的灭绝。1980 年，美国科学家在 6500 万年前的地层中发现了高浓度的铱，其含量超过正常含量几十甚至数百倍。科学家们立刻联想到了6500 万年前灭亡的恐龙，这是否有关系呢？根据铱的含量，科学家推测出撞击地球的物体直径约 10 千米，如此大的物体撞击地球，会造成毁灭性打击。有推算认为，要是换成地震的强度，达到里氏 10 级以上，大地断裂，生灵涂炭。科学工作者们甚至推测到了行星坠落的地点——墨西哥犹卡坦半岛。

水杉的故事。水杉（*Metasequoia glyptostroboides*）出现在晚白垩世早期（约 1 亿年前），当时的地球正处在一个温暖的时期。化石水杉地史上曾在北半球广泛分布，南到美国的新墨西哥州，北至北极圈内。大约 4000 万年前，全球变冷，水杉也从高纬度收缩，至更新世后渺无踪迹。

1941 年，日本京都大学的三木茂依据采自日本大约 170 万年前更新世地层中的一些植物化石建立了一个植物新属，这就是 *Metasequoia*。也是这一年冬天，在中国，年轻的植物学家于铎被聘为重庆国立中央大学教员。在他从湖北赴重庆上任的途中，经过四川万县谋道镇时，发现了一株光秃秃的"松柏类"大树。经郑万钧、胡先骕研究，惊喜地发现，它与三木茂命名的 *Metasequoia* 有着相同的、特有的对生叶片和球果鳞片。因此，四川万县谋道镇的"松柏类"大树得以确定为活化石——水杉。活化石水杉的发现，是"20 世纪植物学最伟大的发现之一"。水杉也被哈佛大学阿诺德植物园评为 20 世纪的"世纪之树"（冷琴等，2009）。

（四）新生代，被子植物发展时代

自 6600 万年前至今是新生代，包括古近纪、新近纪和第四纪。中生代末的地壳活动使陆地面积进一步扩大，到了新生代，印度大陆一路向北，在古近纪期间与欧亚大陆强烈碰撞。印度大陆北缘地壳俯冲到青藏高原之下，导致青藏高原的隆升。大陆之间的碰撞形成了阿尔卑斯和喜马拉雅山脉。中国大陆的拼合过程基本完成，中国地壳表面面积与现代接近。此时陆相地层发育，沉积类型复杂，终结了中生代温暖适宜的气候，代之以气温下降，干燥的气候。古近纪早期，北西 - 南东向干旱带横贯中国中部。北方仅在辽宁抚顺地区为小型断陷盆地，形成温暖的湿地沼泽含煤地层，伴有火山喷发；南方为潮湿含煤盆地。其间的过渡带为凹陷盆地形成的河、湖相堆积。新近纪，自中新世中期始，中国西北气候发生巨变，森林消失，草原出现，依托森林生活的动物消失、绝灭。第四纪是指地球历史最后的 250 万年。这是从古生物学向着考古学研究转换的时期。这一时期的重要事件包括北半球冰原面积的扩大和现代人类的出现。

　　新生代植物界面貌也发生了变化，被子植物占据统治地位，发展繁荣，它们的出现和辐射促成了陆地新生态系统的形成，也促成了以被子植物为食的哺乳类的演化发展。新生代是哺乳动物辐射发展的时代，直至后期人类出现。依据地理纬度的差异以及构造和环境的不同，新生代中国植物群可分为不同的植物区。

古近纪

　　古近纪时期抚顺含煤岩系为发育在断陷盆地中的一套陆相沉积，化石主要产于古新统老虎台组和栗子沟组，以及始新统古城子组和计军屯组等组段。岩性为基性喷发岩伴随河湖相沉积，夹油页岩及褐煤。抚顺植物群代表的是东亚大陆古新世至始新世（以始新世为主）的一个温暖的湿地沼泽植物群。

画作 29
始新世抚顺泥炭植物群

　　抚顺生物群的植物化石十分丰富，双子叶被子植物占优势，裸子植物次之，另有真蕨等，为亚热带常绿阔叶与落叶阔叶混交林（孙革等，2016）。植物群中最常见的分子是喜湿松柏类植物，代表是落羽杉，它的树叶呈灰绿色，扁平，着生于一个平面上或呈放射状分布在永久性的小枝上，看起来好似美丽的羽毛，雌雄球果同株。落羽杉喜欢生活在沼泽或排水良好的土壤中。在沼泽里，树根产生向上的"膝根"。它可在水面之上帮助树根通风（凯芬逊，2008）。这种特征与现生热带沼泽植物的根系有些相似。裸子植物还有红杉（*Sequoia*）等。被子植物包括杨（*Populus*）、山毛榉（*Fagus*）以及一些亚热带植物群的代表。连香树（*Cercidiphyllum*）在这个植物群中占有较高的比例，现生的连香树高可达 30 米，是落叶阔叶乔木。它的树叶呈心脏形，对生。在秋季，它可能会染成多种颜色，是一种漂亮的风景树。桤木（*Alnus*）可独自形成灌木丛或林地，多生长在潮湿的泥煤土壤里，也就是沼泽湿地中。这种植物树叶互生，锯齿状，柔荑花序，雌雄同株。林下还有喜湿的蕨类紫萁（*Osmunda*）和海金沙（*Lygodium*）等。在水中还有水生植物槐叶萍和黑三棱（*Sparganium*），反映出植物群处于水体充沛的湖岸边或沼泽边。这个植物群总的说来，可和现在亚热带湿润气候环境中的华中植物群相比较。

画作 30
渐新世西藏
的棕榈树

藏北伦坡拉盆地位于青藏高原的中部，古植物学家（苏涛、周浙昆团队，Su et al., 2019）在晚渐新世的地层中发现了大型棕榈的叶片化石，长达 1 米。研究团队将其定名为西藏似沙巴榈（*Sabalites tibtensis*）。植物群还包括榆（*Ulmus*）、栾树（*Koelreuteria*），以及水边的芦苇和香蒲（*Typha*）等。水中有攀鲈鱼及蛙类等动物（王原等，2019）。这样的动植物组合显示的是亚热带气候，海拔不超过 2300 米的景观。

全球现生的棕榈科植物达上千种，主要分布在热带和亚热带。现代棕榈是常绿乔木，高可达 7 米左右，茎干圆柱形。叶片近圆形，具长的叶柄。花序粗壮，雌雄异株。通过对现生棕榈分布区的制约其生长的气候要素分析，人们对化石植物生境的地形和地貌特征作了复原。人们推测，在渐新世（约 2500 万年前）时期，现在为海拔大约为 4500 米的高原的伦坡拉地区，为一东西向的峡谷地带，海拔不超过 2300 米，河湖岸边生活着高大的棕榈等植物，远处为以壳斗科为代表的亚热带常绿阔叶林，山坡上为针叶林。这表明，渐新世以来，这一地区海拔从不超过 2300 米，抬升了 2000 余米，成为现在的约 4500 米的高原。这有别于传统的认识。传统的观念认为，青藏高原的主体在 4000 万年前，即已达到现有的高度。由此，棕榈化石为青藏高原抬升的历史提供了直接的证据。

新近纪

中新世山东临朐山旺植物群是新近纪基性熔岩喷发间隙期，在玄武岩被侵蚀的低洼区形成的山间湖泊沉积，主要为硅藻土层的沉积。动植物化石极其丰富，保存精美。植物化石记录有 128 种，包括大量的种子植物、蕨类、苔藓。这些植物组合反映的是暖温带至亚热带的过渡气候环境（孙博，1999）。

画作 31
中新世山东山旺常绿、落叶阔叶混交林

植物群属于常绿 - 落叶阔叶混交林，以乔木为主，灌木次之，另有少量草本和藤本植物。植物群的主要成分为典型的暖温带植物，如核桃（*Carya*）、桦木（*Betula*）、槭（*Acer*）、榆（*Ulmus*）、葡萄（*Vitis*）及蔷薇科等植物。同时，还有一些亚热带的类型，如樟（*Cinnamomum*），现分布在我国南方各省区，是亚热带常绿阔叶林的建群种，高可达 30 米，树叶革质。另有金缕梅（*Hamamelis*）、榕树、枫香（*Liquidambar*）及木姜子等亚热带类型。林下有草本的石竹科（Caryophyllaceae）、百合科（Liliaceae）、中华蓼（*Polygonum miosinicum*）及禾草（*Graminites*）等。

晚中新世，甘肃临夏、和政地区发育了三趾马动物群。该地区化石记录了从古近纪渐新世（约 3000 万年前）到第四纪更新世（100 多万年前）古动物的演变过程（邓涛，2011）。马玉贞等（1998）对该地区晚中新世的孢粉植物群与气候演化做了研究。中新世，适应草原生活的三趾马动物群出现，直到上新世早期（约 360 万年前），三趾马动物群始终统治着和政地区，这也是当地化石最丰富的动物群。

画作 32
晚中新世临夏针阔混交林，间有草原

晚中新世时期（距今600多万年），临夏盆地气候相对温暖湿润，偏冷，为针阔混交林间有草原植被。偏冷的桦木（*Betula*）、栎（*Quercus*）、山毛榉（*Fagus*）等阔叶树种散布在草原上，水边还有柳树（*Salix*）。裸子植物有杉木（*Cunninghamia*）、柏木（*Cupressus*）等。深秋的季节给它们染上了斑斓的色彩。多种草本植物，如禾本科（*Poaceae*）、菊科的蒿（*Artemisia*），现今华北、西北常见的藜科（Chenopodiaceae）植物，还有一年或多年生的蓼（*Polygonum*）等稀疏不等地错落分布。

几匹三趾马（*Hipparion*）在前面跑过。它们的体型比现代马小，瘦长，牙齿比今天的马类特化，还具有颊齿。它最为标志性的特征就是脚趾的结构，每肢三趾，左右两侧保留有已经退化不着地的外脚趾，并不像真马那样只保留中间一趾。它们可能最早出现在1600多万年前的北美，后来气候变冷导致海平面下降，它们越过白令海峡扩散到了亚欧非各大洲。此外，一头萨摩麟（*Samotherium*）在桦树林边徘徊，它具有7个被拉长的颈椎，是这个动物群特有的物种。

第四纪

画作 33
更新世中期北
京周口店地区景
观：北京直立人

画作 34
更新世中期北
京周口店地区景
观：围猎肿骨鹿

晚更新世周口店地区中国猿人生活时期的植被，是偏冷的针叶林和偏暖的阔叶林及稀树草原往复变化的环境。远处为松柏以及阔叶落叶混交林，低山常见的植物在阳坡上是栓皮栎（*Quercus variabilis*）、鹅耳枥（*Carpinus*）及朴树等；在沟谷常见有榆（*Ulmus*）

及青檀（*Pteroceltis*）等。灌丛以紫荆（*Cercis*）和荆条（*Vitex*）为主，还有草本的藜科、蓍草、豆科、十字花科及禾本科植物狗尾草（*Setaria*）等。

北京直立人（*Homo erectus pekinensis*）也称北京猿人（Beijing man），生活在约 50 万年前的北京周口店地区。他们身材粗短，身高约 1.5～1.6 米。面部显短，嘴部前伸，没有下颏，前额低平，颧骨高突，鼻子宽扁，眼眶上缘有两个互相连接的粗大眉骨，平均脑量为 1043 毫升。他们采用不同的打制方法，制作不同类型的工具，如尖状器、刮削器、石锤和石砧等。使用这种打制石器的时期，叫作旧石器时代。北京猿人使用这些工具猎取动物，采集植物果实，过着采摘狩猎的生活。他们也学会了使用天然火，这是一种改变生活方式的重大创新（吴新智等，2002）。

北京猿人生存时期的周口店地区丛林密布，野草丛生，猛兽出没。他们三五成群，手握粗糙的石质砍斫器或简陋的木棒，与恶劣的自然环境进行着艰苦卓绝的抗争。

关于现代人的起源问题，有两种理论。一种为"单一地区起源说"，认为现代人是某一地区的早期智人迁徙入世界各地而形成的，这个地区可能是非洲南部，或者是亚洲西部或南部；另一种为"多地区起源说"，认为亚、非、欧各洲的现代人是由当地的早期智人以至猿人演化而来的。中国的材料似乎支持后者，表明东北亚有着自成体系的猿—人演化链条。

从考古学角度来看，人类历史可分为旧石器时代和新石器时代。旧石器时代是更新世时期，石器主要是打制而成，古人的生产及生活方式是采摘狩猎；新石器时代相当于全新世早期，约 1 万年前至几千年前，以磨制而成的石器为主，同时也开始了农业、发明了陶器，生活方式也向着驯化养殖转化。

画作 35
全新世早期京西
斋堂地区景观：
东胡林少女

画作 36
全新世早期京西
斋堂地区景观：
旱作农业的起源

全新世早期的东胡林遗址（距今约 11000～9500年），位于北京门头沟斋堂的东胡林村。晚更新世，本地区气候比较干冷，气候明显转暖应在全新世（始于 1.17 万年前）早期。万年前东胡林人生活的时期，华北地区的年均温度和现今相近（随后的某些时段温度略有起伏）（郝守刚等，2002），属温带大陆性季风气候，四季明显，冬季寒冷干燥，夏季温暖湿润。北京西部山区的植被也和现在相近。植被以松柏及落叶阔叶植物为主，有松（*Pinus*）、朴（*Celtis*）等，还杂有鼠李（*Rhamnus*）、酸枣（*Ziziphus*）等耐干旱的植物。草本植物包括豆科、禾本科等。正是在这样的环境背景下，我们的祖先——东胡林人在清水河畔的阶地上开始了全新的生活。

东胡林少女（东胡林一号人）是一位年龄在 16～17 岁的少女，身高 165 厘米。她的上颌齿弓呈椭圆形，具铲形门齿，下颌角圆钝，身上配有多种饰物（周国兴、尤玉柱，1972）。

1966 年，一个偶然的机缘，我邂逅了东胡林人。当时，作为学生的我，应是以充满了惊愕的眼神仔细打量过眼前的这具骨骼，触摸过她的骸骨。临走时，我小心翼翼地摘下了她的下颚，用手绢包裹好，迫不及待地去找老师和人类学专家。由此，50 多年来，与"东胡林人"的这份不解之缘，成了我脑海中挥之不去的记忆。

2001 年至 2005 年，北京大学联合北京市文物研究所和门头沟区文物管理所对东胡林人遗址进行了 3 次正式考古发掘，发现了墓葬、灰坑、灰堆、石器制作场等，出土了石器、陶片、骨器、蚌器。其中最重要的发现，是出土了距今 1 万年左右的炭化谷粒（粟和黍）。这是目前国内外考古界发现的年代最早的小米遗存（赵志军，2014）。同时，还出土了石磨盘、石磨棒（可加工谷物的器具），以及作为炊煮和盛储用具的陶器（直壁平底盂形器）。综合微体化石和大化石的分析，确定这个时段小米正经历驯化的过程（Yang et al., 2012）。学者们认为，东胡林人应该已经开始耕种小米了，其耕作行为适应了一种半定居的生活方式（赵志军，2014）。因此，距今万年左右的东胡林遗址成为考证中国北方旱作农业起源的最重要的遗址之一，有着重要的科学价值和社会意义。

On the creative
process of the
paintings

关于画作的创作过程

　　围绕着画作的创作过程，在这里将相关的问题和难点整理出来和大家进行交流。画作依据我国各个地质时期丰富的植物化石资料，综合古植物学家和古动物学家的研究成果，以油画的形式表达各地质时期陆地植物景观。每幅画作创作时，通常是在参考前人工作的基础上，广泛收集资料，了解拟创作的景观中每种相关的植物的整体复原，综合环境因素后绘出草图（例如三叠纪的草图，图 4-1～图 4-3），然后再进行油画的创作。在这一过程中，通常要考虑确定入画的植物属种、它们的生境，以及彼此之间的比例关系等。

图 4-1　早三叠世华北植物景观素描图

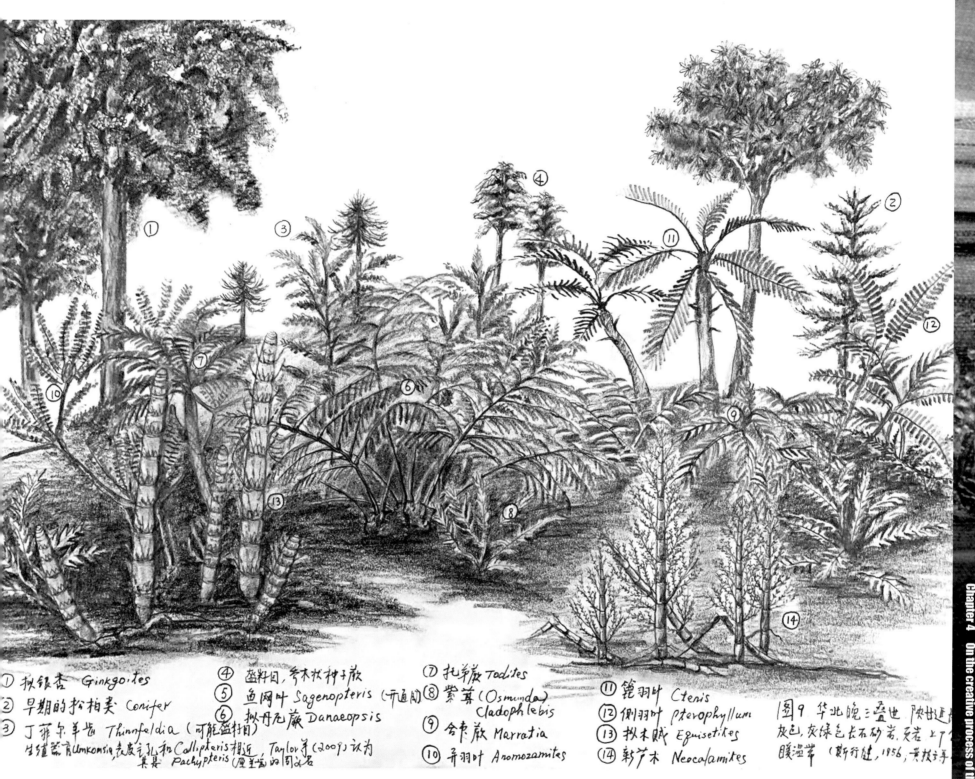

① 拟银杏 Ginkgoites
② 早期的松柏类 Conifer
③ 丁菲尔羊齿 Thinnfeldia（可能盔拊）
  生殖器官Umkomsia 表皮气孔和Callipteris相近, Taylor等 (2009) 认为
  其是 Pachypteris（盔美属）的同名者

④ 盔料目, 苏木状种子蕨
⑤ 鱼网叶 Sagenopteris（开通目）
⑥ 拟丹尼蕨 Danaeopsis

⑦ 托第蕨 Todites
⑧ 紫萁（Osmunda）
  Cladophlebis
⑨ 合囊蕨 Marratia
⑩ 异羽叶 Anomozamites

⑪ 篦羽叶 Ctenis
⑫ 侧羽叶 Pterophyllum
⑬ 拟木贼 Equisetites
⑭ 新芦木 Neocalamites

图9 华北晚三叠世 陕甘逞
灰色, 灰绿色长石砂岩, 夹者 上丁
暖温带（斯行健, 1956, 黄枝手

图 4-2　晚三叠世华北植物景观素描图

①
②
③
④
⑤
⑥
⑦
⑧
⑨
⑩
⑪
⑫
⑬
⑭
⑮
① 盔籽类 Corystosperm (Pachypteris, 厚羊齿)
② 裸子植物 Gymnosperm, 掌鳞杉科.
③ 松柏类 Coniferophytes, 枞型枝 Elatocladus
④ 鱼网叶 Sagenopteris,
⑤ 篦羽叶 Ctenis
⑥ 大网羽叶 Anthrophyopsis
⑦ 侧羽叶 pterophyllum
⑧ 叉羽叶 ptilozamites
⑨ 尼尔桑带羽叶 Nilssopteris
⑩ 网叶蕨 Dictyophyllum
⑪ 似合囊蕨 Marattiopsis
⑫ 格子蕨 Clathropteris
⑬ 异脉蕨 phlebopteris
⑭ 枝脉蕨 Cladophlebis
⑮ 拟木贼 Equisetites
海洋性气候, 热带区, 气候湿润,
森林茂盛, 主要中生代成煤期
湘赣安源群 , 川东须家河
华南晚
湖南杉

图 4-3 晚三叠世华南植物景观素描图

我国地域广阔，陆相地层发育，时代齐全，植物化石保存精美，研究成果丰硕，可选择绘画的题材众多（徐仁、王秀琴，1982），这里只能选择有代表性的地域和时代的植物景观做出展现。

地质时期陆地植物景观，是指定的地区，限定的地质时代（代、纪、世）植物群的展示。每幅图的地域和时限的范围各不相同。有的仅仅限定在局部地区的有限时段（例如，"早泥盆世滇东南岸边漫滩上的景观：潟湖岸边"，实际上是限定在早泥盆世布拉格期的滇东南文山地区），有的则是广泛的地域及宽泛的时限（例如，"侏罗纪印象"展现的是中－晚侏罗世华北湖岸边的景观）。大多的画作时限以地质时间"世"为单位（例如，"中二叠世豫南湿地景观"）。正如上面所述，有的画作景观反映的是广泛地域的植被，里面的植物组合则可来自地域中的不同地区，但是它们的时限应是严格一致的。

各个地质时期的植被特征体现在研究者所提供的植物群属种名单上，它们在参考文献中已列出。我们知道，每一个植物属种名称下，包含有一系列的鉴定特征。我想说明的是，许多特征（特别是种级别的特征）并没能在画面中显示出来。这是由于化石植物属种的鉴定特征，往往涉及"植物器官属种"的一些微细特征。例如：乔木状石松茎干的鉴定特征是叶座、叶痕的形态以及维管束痕或叶舌痕的位置和特征；真蕨类植物的鉴定特征是小羽片的形态、着生方式，以及叶脉的特征；松柏类则涉及球果的果鳞和苞鳞的形态特征和排列等。这些在景观的画面中是难以展示的。但是，尽管在画面中没能展示这些特征，我们依然保留了这些特征所代表的种一级的名称。因为它们的确是某个地域和特定地质时段的植被特征的内容之一。

植被是景观特征的标志，它是受气候和地理环境条件所制约的。气候与地理环境因素的特点和制约也希望尽可能在画作中展示。这方面主要依据研究者所提供的相关科学信息，包括沉积相和岩性等信息（这些在第三章中多有描述）。在画作中，作者也尽可能多地勾画出植物群的组成分子，但是画框空间有限，每种植物只能画上1～2株。实际上，在现实中，许多植物都是单种成林。

为了展示某个地质时代标志性的景观，作者有意识地选择了一些有代表性的动物。例如"中－晚侏罗世暖温带的森林"中的马门溪龙，"小行星撞击地球"中的霸王龙。但是在化石记录中，这些动物可能和植物群存在着地理空间方面的不一致（它们的地质时代应是严格一致

Chapter 4　On the creative process of the paintings

的）。这是由于脊椎动物化石资料的匮乏，以及它们与植物生境多有不同，死亡后埋藏相也不同，通常保存在不同的地域和不同的岩层中。马门溪龙最初来自四川合川、宜宾，在北方，只在新疆有相关的报道。它们延续的时间是晚侏罗世至早白垩世。而华北地区中－晚侏罗世的植物群的报道和研究主要来自山西、陕西、河南、山东及新疆等地。为了展示侏罗纪"恐龙时代"的景观，最好的选择就是把它们组合在同一个画框之中。另外一个明显的例子是白垩纪末期的撞击事件，它促成了恐龙的集群绝灭以及随后哺乳动物的迅速适应辐射。有关这次事件，所依据的科学资料认定可能发生在北美。在画作里，采用了这一事件作为背景，而晚白垩世的植物群资料则是来自东北嘉荫地区。迄今我们在东北晚白垩世地层中也未曾发现霸王龙相关的报道，只是在内蒙古曾报道有特暴龙。霸王龙和特暴龙都属于霸王龙科。这里我们把霸王龙和东北晚白垩世的植物群画在了同一个画框中，这也是作者的考虑和选择。同样，画作中的异齿龙（*Dimetrodon*）是借鉴产自美国得克萨斯的长棘肉食盘龙，我国早二叠世并未见报道；节肋虫（*Arthropleura*）是参照了英国的化石材料等等。动植物共同产出的比较好的例子是早白垩世辽西热河生物群。这里产有丰富的，保存完美的动植物化石。动物化石主要保存于义县组和九佛堂组。前者为火山碎屑岩相，后者为黑色泥岩和凝灰岩相。义县组的地层中也产有木材化石和丰富的植物化石。这里的早白垩世植物景观就比较客观、真实地反映了这两者的结合。

地层中所见的化石植物与现存植物不同。化石植物被发现时，最常见的是些不完整的断枝残叶，包含分离的茎轴、叶子、根及种子。这种情况下，为研究需要，古植物学家就用形态属来进行归类。化石植物分散保存的各部分器官在其原有的联系未发现之前，可以单独给予不同类型的属名（详见第三章、画作 11、画作 12）。这是古植物学研究中的特点，但往往使初学者困惑。

景观复原所依据的，是古植物学家对植物个体的植株整体复原。画作充分参考了国内外研究者和画家曾经作出的精美的史前生物的复原作品，相关的也都注明出处。遗憾的是，完美的整植株植物的整体复原并不多见。由于植株矮小，早期维管植物单独保存机会较多，因而，相对的整体植株的复原较常见。中生代以后，特别是新生代以来，植物的属种类型、植株叶片的形态可直接和现生的植物相比较，可以参考现生的相应属种或接近的属种。相对难度较大的是古生代晚期至中生代早期的一些裸子植物和蕨类植物。例如，晚三叠世的丁菲尔羊齿

（*Thinnfeldia*），它们到底是属于乔木还是灌木，其植株特征至今尚难确定。侏罗纪常见的银杏类，茨康叶（*Czekanowskia*）和拟刺葵（*Phoenicopsis*），就是叶片的形态属，植株的形态至今并不清楚。它们的叶子在着生方式上和银杏相似，只是没有见到过这些植物的短枝像银杏那样可以持续生长成为长枝的证据。它们的短枝可能有季节性脱落的特性，而银杏的短枝是不脱落的。它们的亲缘关系可能并不和银杏接近。因而，尽管它们在相应的地层中出现的频率很高，画作中这些相关的属种没有被画上。这是因为不知道该如何去表现。蕨类植物叶片的形态属更是如此，某种羽片的形态属种是草本的真蕨，还是乔木状的种子蕨？这也很难判断。画作中的复原，例如华北晚三叠世乔木状的盔籽目植物（Corystospermales）的树状形态，是在借鉴和参考前人工作的基础上，反映了作者的观点。这里所做的复原难免加入了个人的理解，有的则是依据资料推测的。因此，可能的误解和错误在所难免，望读者随时予以指出。

Chapter 4 On the creative process of the paintings

参考文献 References

陈芬，窦亚伟，黄其胜．1984．北京西山侏罗纪植物化石．北京：地质出版社．

邓胜徽，陈芬．2001．中国东北地区早白垩世真蕨植物．北京：地质出版社．

邓涛．2011．追寻远古兽类的踪迹．上海：上海科学技术出版社．

董枝明．2009．亚洲恐龙．昆明：云南科技出版社．

盖志琨，朱敏．2017．无颌类演化史与中国化石记录．上海：上海科技出版社．

郝守刚．1988．东胡林人发现的经过．化石，3: 18-19．

郝守刚．1989．古木蕨——云南早泥盆世一植物新属．植物学报，31(12): 954-961．

郝守刚，马学平，董熙平，等．2000．生命的起源与演化．北京：高等教育出版社．

郝守刚，马学平，夏正楷，等．2002．北京斋堂东胡林全新世早期遗址的黄土剖面．地质学报，76(3): 420-430．

侯连海，杨恩生，曾孝濂，等．2000．中国古鸟类图鉴．昆明：科技出版社．

黄枝高，周惠琴．1980．古植物．见：中国地质科学院地质研究所．陕甘宁盆地中生代地层古生物．上册．北京：地质出版社．43-198．

季强．2016．腾飞之龙——中国长羽毛恐龙与鸟类起源．北京：地质出版社．

季强，李洪起，Bowe L M，等．2004．辽宁北票早白垩世具真正两性花的始花古果（新种）*Archaefructus eoflora* (sp. nov.)．地质学报，78(4): 541．

凯芬逊 S．2008．树百科．王燕译．哈尔滨：黑龙江科学技术出版社．

科利尔 K.，托马斯 B．2003．植物化石．王祺等译．桂林：广西师范大学出版社．

冷琴，杨洪，王力，等．2009．活化石水杉的新发现．见：沙金庚主编．世纪飞跃——辉煌的中国古生物学．北京：科学出版社．360-368．

李锦玲．2020．恐龙之前的世界．北京：科学出版社．

李佩娟，何元良，吴向午，等．1988．青海柴达木盆地东北缘早、中侏罗世地层及植物群．南京：南京大学出版社．

李星学．1995．中国地质时期植物群．广州：广东科技出版社．

李星学，周志炎，郭双兴．1981．植物界的发展和演化．北京：科学出版社．

刘振锋，郝守刚，王德明，等．2004．中国滇东非海相下泥盆统徐家冲组剖面研究．地层古生物论文集，第 28 辑：61-83．

马玉贞，李吉军，方小敏．1998．临夏地区 30.6–5.0 Ma 红层孢粉植物群与气候演化记录．科学通报，3: 301-304．

穆迪 L.，茹拉夫列夫 A.，迪克逊 D.，等．2016．地球生命的历程．王烁等译．北京：人民邮电出版社．

沈光隆．1995．二叠纪植物群．见：李星学主编．中国地质时期植物群．广州：广东科技出版社．94-162．

沈树忠，王玥，曹长群，等．2009．二叠纪末生物大灭绝与三叠纪生物复苏．见：沙金庚主编．世纪飞跃——辉煌的中国古生物学．北京：科学出版社．126-132．

斯行健，李星学，李佩娟，等．1963．中国中生代植物．中国植物化石第二册．北京：科学出版社．

孙博．1999．山旺植物化石．济南：山东科学技术出版社．

孙革，孟繁松，钱丽君，等．1995．三叠纪植物群．见：李星学主编．中国地质时期植物群．广州：广东科技出版社．229-253．

孙革，郑少林，迪尔切 D.，等．2001．辽西早期被子植物及伴生植物群．上海：上海科技出版社．

孙革，胡东宇，周长付，等．2016．走进辽宁古生物世界．上海：上海科技出版社．

孙克勤，崔金钟，王士俊．2010．中国化石植物志．第二卷．中国化石蕨类植物．北京：高等教育出版社．

孙克勤，崔金钟，王士俊．2016．中国化石植物志．第三卷．中国化石裸子植物（上）．北京：高等教育出版社．

唐烽，尹崇玉，刘鹏举，等．2008．华南伊迪卡拉纪"庙河生物群"的属性分析．地质学报，82(5): 601-611．

田宝霖，张连武．1980．贵州水城汪家寨矿区化石图册．北京：煤炭工业出版社．

汪筱林，孟溪，蒋顺兴．2009．中国的翼龙化石研究历史与进展．见：沙金庚主编．世纪飞跃——辉煌的中国古生物学．北京：科学出版社．260-271．

王士俊，崔金钟，杨勇，等．2016．中国化石植物志．第三卷．中国化石裸子植物（下）．北京：高等教育出版社．

王元青．2009．热河生物群中的哺乳动物．见：沙金庚主编．世纪飞跃——辉煌的中国古生物学．北京：科学出版社．287-296．

王原，董丽萍．2009．中国古两栖动物的演化：漫长而曲折的历史．见：沙金庚主编．世纪飞跃——辉煌的中国古生物学．北京：科学出版社．232-238．

王原，吴飞翔，金海月，等．2019．证据：90 载化石传奇．北京：中国科学技术出版社．

王自强，王立新．1990．华北石千峰群早三叠世晚期植物化石．山西地质，5(2): 97-154．

吴新智，刘武，尚虹．2002．人类进化足迹．北京：北京教育出版社．

吴秀元．1995．石炭纪植物群．见：李星学主编．中国地质时期植物群．广州：广东科技出版社．58-88．

徐仁，王秀琴．1982．地质时期中国各主要地区植物景观．北京：科学出版社．

徐仁，朱家南，陈晔，等．1979．中国晚三叠世宝鼎植物群．北京：科学出版社．

徐星．2015．身披羽毛的霸王龙祖先．科学人，恐龙来了（特辑）: 34-39．

杨关秀．1994．古植物学．北京：地质出版社．

杨关秀，等．2006．中国豫西二叠纪植物群——禹州植物群．北京：地质出版社．

杨瑞东，毛家仁，张位华，等．2004．贵州早 - 中寒武世凯里组类似苔藓植物化石．植物学报，46(2): 180-185．

袁训来，肖书海，尹磊明，等．2002．陡山沱期生物群．合肥：中国科学技术大学出版社．

张弥曼．2001．热河生物群．上海：上海科学技术出版社．

张昀．1998．生物进化．北京：北京大学出版社．

赵志军．2014．中国古代农业的形成过程——浮选出土植物遗存证据．第四纪研究，34(1): 73-84．

《中国古生代植物》编写小组．1974．中国植物化石．第一册．中国古生代植物．北京：科学出版社

《中国新生代植物》编写小组．1978．中国植物化石．第三册．中国新生代植物．北京：科学出版社

周国兴，尤玉柱．1972．北京东胡林村的新石器时代墓葬．考古，6: 12-15．

周志炎．1990．中生代银杏目植物的系统发育和进化趋向．见：戎嘉余等主编．理论古生物文集．南京：南京大学出版社．1-19．

周志炎．1995．侏罗纪植物群．见：李星学主编．中国地质时期植物群．广州：广东科技出版社．260-301．

周志炎．2010．远古的悸动：生命起源与演化．南京：江苏科学技术出版社．

周忠和．2009．热河生物群研究——书写中生代生物演化新篇章．见：沙金庚主编．世纪飞跃——辉煌的中国古生物学．北京：科学出版社．151-158．

Andrews H N. 1960. Notes on Belgian specimens of *Sporogonites*. The Palaeobotanist, 7: 85-89.

Andrews H N. 1961. Studies in Paleobotany. New York: John Wiley & Sons, Inc.

Andrews H N, Kasper A E, Mencher E. 1968. *Psilophyton forbesii*, a new Devonian plant from northern Maine. Bulletin of the Torrey Botanical Club, 95: 1-11.

Ash S R. 2003. The Wolverine Petrified Forest: Utah Geological Survey. Survey Notes, 35(3): 3-6.

Bassett M G, Edwards D. 1982. Fossil plants from Wales. National Museum of Wales. Geological Series, 2: 1-42.

Bateman R M, DiMichele W A, Willard D A. 1992. Experimental cladistics analysis of anatomically preserved arborescent lycopsids from the Carboniferous of Euramerica: an essay on paleobotanical phylogenetics. Annals of the Missouri Botanical Garden, 79: 500-599.

Beck B C. 1962. Reconstruction of *Archaeopteris* and further consideration of its phylogenetic position. American Journal of Botany, 49: 373-382.

Berry C M, Wang Y. 2006. *Eocladoxylon* (*Protopteridium*) *minutum* (Halle) Koidzumi from the Middle Devonian of Yunnan, China: an early *Rhacophyton*-like plant? International Journal of Plant Science, 167: 551-566.

Berry C M, Wang Y, Cai C Y. 2003. A lycopsid with novel reproductive structures from the Upper Devonian of Jiangsu, China. International Journal of Plant Science, 164: 263-273.

Blackwell W H. 2003. Two theories of origin of the land-plant sporophyte: which is left standing? Botanical Review, 69: 125-148.

Boucot A J, Chen X, Scotes C R, et al. 2009. Reconstruction of Phanerozoic Global Palaeoclimate. Beijing: Science Press.

Cai C Y, Chen L Z. 1996. On a Chinese Givetian lycopod, *Longostachys latisporophyllus* Zhu, Hu and Feng, emend.: its morphology, anatomy and reconstruction. Palaeontographica B, 238: 1-43.

Delevoryas T, Hope R C. 1971. A new Triassic cycad and its phyletic implications. Postilla (Peabody Mus. Yale Univ.), 150: 1-21.

Dilcher D L, Lott T A, Wang X, et al. 2004. A history of tree canopies. In: Lowman M D, Rinker H B, eds. Forest Canopies (2nd edition). USA: Elsevier Inc. 118-137.

DiMichele W A, Phillips T L. 1994. Paleobotanical and paleoecological constrains on models of peat formation in the Late Carboniferous of Euramerica. Palaeogeography, Palaeoclimatology, Palaeoecology, 106: 39-90.

Ding Q H, Tian N, Wang Y D, et al. 2016. Fossil coniferous wood from the Early Cretaceous Jehol Biota in western Liaoning, NE China: new material and palaeoclimate implications. Cretaceous Research, 61: 57-70.

Edwards D. 1970. Fertile Rhyniophytina from the Lower Devonian of Britain. Palaeontology, 13: 451-461.

Edwards D, Davies K L, Axe L. 1992. A vascular conducting strand in the early land plant *Cooksonia*. Nature, 357: 683-685.

Greb S F, DiMichele W A, Gastaldo R A. 2006. Evolution and importance of wetlands in Earth history. Geological Society of America (Special Paper), 399: 1-40.

Guerrero A G, Frances P. 2009. Prehistoric. London: Dorling Kindersley.

Hao S G. 1989. A new zosterophyll from the Lower Devonian (Siegenian) of Yunnan, China. Review of Palaeobotany and Palynology, 57: 155-171.

Hao S G, Beck C B. 1993. Further observations on *Eophyllophyton bellum* from the Lower Devonian (Siegenian) of Yunnan, China. Palaeontographica Abteilung B, (230): 27-41.

Hao S G, Gensel G P. 1998. Some new plant finds from the Posongchong Formation of Yunnan, and consideration of a phytogeographic similarity between South China and Australia during the Early Devonian. Science in China, 41: 1-13.

Hao S G, Xue J Z. 2013. The Early Devonian Posongchong Flora of Yunnan. Beijing: Science Press.

Hao S G, Xue J Z, Liu Z F, et al. 2007. *Zosterophyllum* Penhallow around the Silurian-Devonian boundary of northeastern Yunnan, China. International Journal of Plant Science, 168: 477-489.

Heinrichs J, Hentschel J, Wilson K, et al. 2007. Evolution of leafy liverworts: estimating divergence times from chloroplast DNA sequences penalized likelihood with integrated fossil evidence. Taxon, 56: 33-44.

Katz L A, Grant J R. 2015. Taxon-rich phylogenomic analyses resolve the eukaryotic tree of life and reveal the power of subsampling by sites. Systematic Biology, 64(3): 406-415.

Kräusel R, Weyland H. 1932. Pflanzenreste aus dem Devon. IV. *Protolepidodendron* Krejči-Zwei unterdevonische Pflanzenrhizome. Senckenbergiana, 14: 391-406.

Li C S, Hsü J. 1987. Studies on a new Devonian plant *Protopteridophyton devonicum* assigned to primitive fern from South China. Palaeontographica Abt. B, 207: 111-131.

McCourt R M, Delwiche C F, Karol K G. 2004. In Charophyte algae and land plant origins. Trends in Ecology and Evolution, 19: 661-666.

Morgan J. 1959. The morphology and anatomy of American species of the genus *Psalonius*. Illinois Biological Monographs, 27: 1-108.

Opluštil S, Wang J, Pfefferkom W, et al. 2021. To Early Permian coal-forest preserved in situ in volcanic ash bed in the Wuda Coalfield, Inner Mongolia China. Review of Palaeobotany and Palynology, 294: 1-11.

Pšenička J, Wang J, Bek J, et al. 2021. A zygopterid fern with fertile and vegetative parts in anatomical and compression preservation from the earliest Permian of Inner Mongolia, China. Review of Palaeobotany and Palynology, 294: 104382.

Qiu Y L, Li L, Wang B, et al. 2006. The deepest divergences in land plants inferred from phylogenomic evidence. Proceedings of the National Academy of the Sciences of the United States of America, 103: 15511-15516.

Schweitzer H J. 1978. Die Rato-jurassichen Floren des Iran und Afghanistans. 5. Todites principes Thaumatopteris brauniana und Phlebopteris polpodioides. Palaeontographica, 168B: 17-60.

Schweitzer H J. 1980. Uber *Drepanophycus spinaeformis* Göppert. Bonner Palaobotanische Mitteilungen, 7: 1-29.

Schweitzer H J. 1990. Pflanzen erobern das Land. Frankfurt a.M. Kleine Senckenberg Reihe, 18: 1-75.

Schweitzer H J, Kirchner M. 2003. Die rhato-jurassischen Floren des Iran und Afghanistans. 13. Cycadophyta III Bennettitales. Palaeontographyica, 254B: 1-166.

Stewart W. 1983. Paleobotany and the Evolution of Plants. Cambridge: Cambridge University Press.

Su T, Farnworth A, Spicer R A, et al. 2019. No high Tibetan Plateau until the Neogene. Sciences Advances, 5: eaav2189.

Sun G, Ji Q, Dilcher Q, et al. 2002. Archaefructaceae, a new basal angiosperm family. Science, 296: 899-904.

Taylor T N. 1988. The origin of land plants: some answers, more questions. Taxon, 37: 805-833.

Taylor T N, Taylor E L, Krings M. 2009. Paleobotany, the Biology and Evolution of Fossil Plants (second edition). Amsterdam: Academic Press.

Wang D M, Hao S G. 2001. A new species of vascular plants from the Xujiachong Formation (Lower Devonian) of Yunnan Province, China. Review of Palaeobotany and Palynology, 114: 157-174.

Wang D M, Hao S G, Wang Q, et al. 2002. Researches on plants from the Lower Devonian Xujiachong Formation in the Qujing district, Eastern Yunnan. Acta Geologica Sinica, 76: 393-407.

Wang D M, Hao S G, Wang Q. 2003. *Hsüa deflexa* sp. nov. from the Xujiachong Formation (Lower Devonian) of eastern Yunnan, China. Botanical Journal of the Linnean Society, 142: 255-271.

Wang D M, Xu H H, Xue J Z, et al. 2015. Leaf evolution in early-diverging ferns: insights from a new fern-like plant from the Late Devonian of China. Annals of Botany, 115: 1133-1148.

Wang J, Pfefferkorn W. 2010. Nystroermiaceae, a new family of Permian gymnosperms from China with an unusual combination of features. Proceedings of the Royal Society B, 277: 301-309.

Wang J, Feng Z, Zhang Y. 2009a. Confirmation of *Sigillaria* Brongniart as a coal-forming plant in Cathaysia: occurrence from an Early Permian autochthonous peat-foring flora in Inner Mongolia. Geological Journal, 44: 480-493.

Wang J, Pfefferkom W, Bek J. 2009b. *Paratingia wudensis* sp. nov., a whole noeggerathialean plant preserved in an earliest Permian air fall tuff in Inner Mongolia, China. American Journal of Botany, 96: 1676-1689.

Wang J, Pfefferkorn W, Oplustil S, et al. 2021. Permian vegetational Pompeii: a peat-forming in situ preserved forest from the Wuda Coalfield, in Inner Mongolia, China—introduction to a volume of detailed studies. Review of Palaeobotany and Palynology, 204: 1-7.

Wang Q, Hao S G, Wang D M, et al. 2003. A Late Devonian arborescent lycopsid *Sublepidodendron songziense* Chen emend. (Sublepidodendraceae Kräusel et Weyland 1949) from China, with a revision of the genus *Sublepidodendron* (Nathorst)

Hirmer 1927. Review of Palaeobotany and Palynology, 127: 269-305.

Wang Q, Geng B Y, Dilcher D L. 2005. New perspective on the architecture of the Late Devonian arborescent lycopsid *Leptophloeum rhombicum* (Leptophloeaceae). American Journal of Botany, 92: 83-91.

Wang Y, Berry C M. 2001. A new small plant from the Xichong Formation of Yunnan, and discussion on the floral assemblage of late Middle Devonian in South China. Acta Palaeontologica Sinica, 40: 424-432.

Wang Y, Berry C M. 2003. A novel lycopsid from the Upper Devonian of Jiangsu, China. Palaeontology, 46: 1297-1311.

Wellman C H, Osterlof P L, Mohiuddin U. 2003. Fragments of the earliest land plants. Nature, 425: 282-285.

Wnuk C. 1985. The Ontogeny and Paleoecology of *Lepidodendron rimosum* and *Lepidodendron bretonense* trees from the Middle Pennsylvanian of the Bernice Basin. Palaeontographica B, 195: 153-181.

Xue J Z, Deng Z Z, Huang P, et al. 2016. Belowrround rhizomes in paleosols: the hidden half of an Early Devonian vascular plant. Proceedings of the National Academy of the Sciences of the United States of America, 113: 9381-9658.

Yang X Y, Wan Z W, Perry L, et al. 2012. Early millet use in northern China. Proceedings of the National Academy of the Sciences of the United States of America, 109: 3276-3730.

Yuang X L, Xiao S H, Taylor T. 2005. Lichen-like symbiosis 600 million years ago. Science, 308: 1017-1020

Zhou Z, Zhang B. 1989. A Middle Jurassic *Ginkgo* with ovule-bearing organs from Henan, China. Palaeontographica, 211B: 113-133.